棚室黄瓜巡诊

高启欣·李建仁 / 编著

济南出版社

图书在版编目（CIP）数据

棚室黄瓜巡诊／高启欣，李建仁编著.－济南： 济南出版社，2009.8

ISBN 978-7-80710-850-4

Ⅰ.棚… Ⅱ.①高…②李… Ⅲ.黄瓜－病虫害防治方法－问答 Ⅳ.S436.421-44

中国版本图书馆 CIP 数据核字 （2009）第 128542 号

棚室黄瓜巡诊

责任编辑　戴梅海
整体设计　戴梅海

出版发行　济南出版社
地　　址　济南市二环南路 1 号　　邮编　250001
电　　话　0531－86131726（编辑室）
传　　真　0531－86131709
印　　刷　青岛星球印刷有限公司
开　　本　880mm×1230mm　1/32
印　　张　3
字　　数　60 千字
版　　次　2009 年 8 月第 1 版
印　　次　2013 年 5 月第 2 次印刷
定　　价　10.00 元
发行电话　0531－86131730　86131731　86116641
传　　真　0531－86922073

［济南版图书如有印装质量问题,请与印刷厂联系调换］

《棚室黄瓜巡诊》编委会

前　言

近几年来，我们陆续承担了农业部、青岛市的新型农民科技培训项目。因此，我们常常下乡指导农业生产，对种植户遇到的生产技术问题，我们都予以精心指导。但是，同一个问题，往往在这个种植户出现后，又在下一个种植户中出现。所以，在屡次指导农户种植温室黄瓜以后，我们便有了编写这本书的念头。

此书不一定有系统性，但是有针对性；不一定有全面性，但是有适用性。我们基本上本着科学实用、形象直观、言简意赅的原则，力争让农民看得懂、学得会、用得上，既针对了种植技术特点，也符合农民的阅读理解水平。

真诚的希望此书对广大农民兄弟有所帮助。

目　录

棚室黄瓜生长
对环境条件有特殊要求吗？

黄瓜作为鲜食蔬菜在蔬菜市场上占有较大的份额，目前，我国设施黄瓜的栽培面积不断增加，但是设施黄瓜生产效益并不是很高，也不是很稳定。影响的因素有很多，其中，高产栽培技术的普及是很重要的因素之一。为此，经常有农民朋友打电话咨询日光温室黄瓜高产栽培技术的有关知识。下面，我们就简单介绍一下日光温室黄瓜生长对环境条件的特殊要求：

一、喜温湿不能温湿

黄瓜是典型的喜温植物，生育适温为 10～32℃。白天适温较高，约为 25～32℃，夜间适温较低，约为 15～18℃。光合作用适温为 25～32℃。

黄瓜所处的环境不同，生育适温也不同。据有关资料介绍，光照强度在 1 万勒克斯（照度的国际单位又称米烛光）至 5.5 万勒克斯范围内，每增加 3000 勒克斯，生育适温提高 1℃。另外，高空气湿度和高二氧化碳条件下生育适温也会提高。所以生产上要根据不同环境条件采用不同温度管理指标。光照弱应采用低温管理。增施二氧化碳应采用高温管理。由播种到果实成熟需要的积温为 800～1000℃。

一般情况下，温度达到 32℃以上则黄瓜呼吸量增加，而净同化率下降；35℃左右同化产量与呼吸消耗处于平衡状态；35℃以上呼吸作用消耗高于光合产量；40℃以上光合作用急剧衰退，代谢机能受阻；45℃下 3 小时叶色变淡，雄花落蕾或不能开花，花粉发芽力低下，导致畸形果发生；50℃下 1 小时呼吸完全停止。在棚室栽培条件下，由于有机肥施用量大，二氧化碳浓度高，湿度大，黄瓜耐热能力有所提高。黄瓜制造养分的适温为 25～32℃。

黄瓜正常生长发育的最低温度是 10～12℃。在 10℃以下时，光合作用、呼吸作用、光合产物的运转及受精等生理活动都会受到影响，甚至停止。

黄瓜植株组织柔嫩，一般 -2～0℃为冻死温度。但是黄瓜对低温的适应能力常因降温缓急和低温锻炼程度而大不相同。未经低温锻炼的植株，5～10℃就会遭受寒害，2～3℃就会冻死；经过低温锻炼后的黄瓜植株，不但能忍耐 3℃的低温，甚至遇到短时期的 0℃低温也不致冻死。

黄瓜对地温要求比较严格。黄瓜的最低发芽温度为 12.7℃，最适发芽温度为 28～32℃，35℃以上发芽率显著降低。黄瓜根的伸长温度最低为 8℃，最适宜为 32℃，最高为 38℃；黄瓜根毛的发生最低温度为 12～14℃，最高为 38℃。生育期间黄瓜的最适宜地温为 20～25℃，最低为 15℃左右。

黄瓜生育期间要求一定的昼夜温差。因为黄瓜白天进行光合作用，夜间呼吸消耗，白天温度高有利于光合作用，夜间温度低可减少呼吸消耗，适宜的昼夜温差能使黄瓜最大限度地积累营养物质。一般白天 25～30℃，夜间

13～15℃，昼夜温差 10～15℃较为适宜。黄瓜植株同化物质的运输在夜温 16～20℃时较快，15℃以下停滞。但在10～20℃范围内，温度越低，呼吸消耗越少。

所以昼温和夜温固定不变是不合理的。在生产上实行变温管理时，生育前期和阴天，宜掌握下限温度管理指标，生育后期和晴天，宜掌握上限管理指标。这样既有利于促进黄瓜的光合作用，抑制呼吸消耗，又能延长产量高峰期和采收期，从而实现优质高产高效益。

二、光照因环境有异

黄瓜对日照长短的要求因生态环境不同而有差异。一般华南型品种对短日照较为敏感，而华北型品种对日照的长短要求不严格，已成为日照中性植物，但 8～11 小时的短日照能促进性器官的分化和形成。

黄瓜的光饱和点为 5.5 万勒克斯。光补偿点为 1500 勒克斯。黄瓜在果菜类中属于比较耐弱光的蔬菜种类，所以在保护地生产，只要满足了温度条件，冬季仍可进行。但是冬季日照时间短，光照弱，黄瓜生育比较缓慢，产量低。炎热夏季光照过强，对生育也是不利的。因此，在生产上夏季应设置遮阳网，而冬春季覆盖无滴膜和张挂反光幕，都是为了调节光照，满足黄瓜适宜的光照条件，促进黄瓜生长发育。

黄瓜的同化量有明显的日差异。每日清晨至中午较高，占全日同化总量的 60～70%，下午较低，只占全日同化总量的 30～40%。因此在日光温室生长黄瓜时应适当早揭苫。

三、喜湿但怕涝

黄瓜根系浅，叶面积大，对空气湿度和土壤水分要求比较严格。黄瓜的适宜土壤湿度为土壤持水量的 60～

90%，苗期约 60~70%，成株约 80~90%。黄瓜的适宜空气相对湿度为 60~90%。

黄瓜喜湿怕旱又怕涝，所以必须经常浇水才能保证黄瓜正常结果和取得高产。

黄瓜对空气相对湿度的适应能力比较强，可以忍受 95~100%的空气相对湿度。但是空气相对湿度大很容易发生病害，造成减产。所以在棚室生产阴雨天以及刚浇水后，空气湿度大，应注意放风排湿。

黄瓜在不同生育阶段对水分的要求不同。幼苗期水分不宜过多，水多容易发生徒长，但也不宜过分控制，否则易形成老化苗。

初花期对水分要控制，防止地上部徒长，促进根系发育，建立具有生产能力的同化体系，为结果期打好基础。

结果期营养生长和生殖生长同步进行，叶面积逐渐扩大，叶片数不断增加，果实发育快，对水分要求多，必须供给充足的水分才能获得高产。

四、肥料：有机为主，速效为辅

黄瓜吸收土壤营养物质的量为中等，一般每生产 1000 公斤果实需吸收氮 2.8 公斤，五氧化二磷 0.9 公斤，氧化钾 3.9 公斤，氧化钙 3.1 公斤，氧化镁 0.7 公斤。对五大营养要素的吸收量以氧化钾为最多，氧化钙其次，再次是氮。

黄瓜播种后 20~40 天，也就是育苗期间，磷的效果特别显著，此时绝不可忽视磷肥的施用。氮、磷、钾各元素的 50~60%在采收盛期吸收，其中茎叶和果实中三元素的含量各占一半。一般从定植至定植后 30 天，黄瓜吸收营养较缓慢，而且吸收量也少。直到采收盛期，对养分的吸收量才呈增长的趋势。采收后期氮、钾、钙的吸收量仍呈增加的趋势，而磷和镁与采收盛期相比都基本上没有变化。生产上应在播种时施用少量磷肥作种肥，苗期喷洒磷酸二氢钾，定植 30 天前后开始追肥，并逐渐加大追肥量和增加追肥次数。由于黄瓜植株生长快，短期内生产大量果实，而且茎叶生长与结瓜同时进行，这必然要耗掉土壤中大量的营养元素，因此用肥比其他蔬菜要大些。如果营养不足，就会影响黄瓜的生育。但黄瓜根系吸收养分的范围小，能力差，忍受土壤溶液的浓度较小，所以黄瓜施肥应以有机肥为主。只有在大量施用有机肥的基础上提高土壤的缓冲能力，才能施用较多的速效化肥。施用化肥要配合浇水进行，以少量多次为原则。

五、含氧低于 2% 生长受影响

大气中氧的平均含量为 20.79%。土壤空气中氧的含量因土质、施有机肥多少、含水量大小而不同，浅层含氧量多。黄瓜适宜的土壤空气中氧含量为 15～20%，低于 2% 生长发育将受到影响。黄瓜根系的生长发育和吸收功能与土壤空气中氧的含量密切相关。生产上增施有机肥、中耕都是增加土壤空气氧含量的有效措施。

二氧化碳的含量和氧相反，浅层土壤比深层中少。在常规的温度、湿度和光照条件下，在空气中二氧化碳含量为 0.005～0.1% 的范围内，黄瓜的光合强度随二氧化碳浓度的升高而增高。也就是说，在一般情况下，黄瓜的二氧化碳饱和点浓度为 0.1%，超出此浓度则可能导致生育失调，甚至中毒。黄瓜的二氧化碳补偿点浓度是 0.005%，长期低于此限可能因饥饿而死亡。但在光照强度、温度、湿度较高的情况下，光合作用的二氧化碳饱和点浓度还可以提高。

空气中二氧化碳的浓度约为 0.0396%。露地生产由于空气不断流动，二氧化碳可以源源不断地补充到黄瓜叶片周围，能保证光合作用的顺利进行。

保护地栽培，特别是日光温室冬春茬黄瓜生产，严冬季节很少放风，室内二氧化碳不能像露地那样随时得到补充，必将影响光合作用。生产上可以通过增施有机肥和人工施放二氧化碳的方法得以补充。

温室黄瓜长相问诊

温室黄瓜是冬季栽培的主要品种之一。在生产实践中，通过观察黄瓜的外在长相，就可以判断出黄瓜的生长是否正常。对栽培措施进行相应的、及时的调整，避免造成更大损失，是菜农有必要掌握的基本技能。以下判断方法是生产实际和科学试验的总结，具有实用和参考价值。

一、看叶

1．金边叶。植株中、上部叶片边缘呈整齐的镶金边状，组织一般不坏死，上部叶片骤然变小，部分呈降落伞状，生长点紧缩。多是由于施肥过多，土液浓度过大造成的生理障碍。这种植株的根一般呈锈色，根尖齐钝。

2．瓢形叶。定植后不久，黄瓜上部叶片皱缩呈瓢形，叶片向上竖起，叶片细胞生长受到抑制。这是由于喷药浓度偏高或者浓度虽然合适但用药量大，叶片细胞的正常生长受到了抑制所致。也可能是叶面喷肥超过规定量，造成生长抑制现象，严重时，叶缘呈浅绿色，萎缩，进而干枯坏死。可用浇水、提高温度、喷施适量生长调节素等方法，促使植株恢复正常。

3．氨害叶。中部叶片边缘或者叶脉间的叶肉黄化，叶脉保持绿色，病部逐渐干枯，且病部与健壮部界限清楚。受害较重时，叶片首先呈不明原因的急速萎蔫，随之凋萎干枯，呈烧灼状，只有新叶保持绿色。这是温室氨气积累所致，氨气多源于施肥不当。如向地面撒施饼肥、基肥、尿素、碳氨、粪稀之后没有及时通风，有时也没有随水施肥，一般3天之内即会发生氨害。另外，在温室内进行畜禽粪、饼肥发酵没用塑料薄膜密封，也易发生氨害。

4. **枯叶。**表现为枯叶症，与氨害叶类似。从下部叶片到中部叶片，叶脉间失绿，而后全部叶脉包括小叶脉间的叶肉失绿。这是在低温下，多次连作，或者施用牛粪、鸡粪量大，使钾和钙在土壤中积累过多，造成叶片吸镁少，吸钾钙多而造成的。

5. **水烫叶。**清晨叶片边缘似水烫过的一样，或者在叶面上出现多角形或者圆点状水浸斑，太阳出来后不久即可恢复正常，常被误诊为霜霉病或者细菌性角斑病，实际上是生理性充水。这是由于地温高，气温低，或温室密闭多湿，叶片蒸腾受阻，细胞内水分流入细胞间所致

6. **新叶烂边。**生长点附近的新叶烂边，进而干枯。多是由地温低、土壤湿度大导致沤根，或主根受肥烧引起的。

7. **"半边枯"。**植株一侧部分叶片干枯，菜农称之为"半边枯"。这是由于植株的地下相应部分根系受肥烧或受到机械损伤所造成的。

8. **日灼叶。**叶片上卷呈褐色，或叶缘呈白色，个别全叶呈白色。多是由于干旱、室温过高所引起的灼伤现象。称为"日灼叶"或"日烧叶"。

9. **叶脉黄化。**叶脉上出现网状脉的坏死斑，坏斑逐渐扩大，叶脉变为淡黄色，逐渐枯死，绒毛变为黑色。可能是由于过量施肥引起根过量吸收锰，或者大量多次使用含锰农药如代森锰锌所致，属锰过剩症。

10. **徒长植株。**茎叶生长繁茂，节间长，顶端开花节位下降，正在开花的节位与生长点距离大于50厘米，下

部化瓜严重。这可能与夜间高温，高地湿，行距小，株间相互遮挡，光照不良，氮肥或者水分过多等原因，所形成的徒长株形有关。育苗期温度高，雌花分化或者形成晚而数量少，而按正常苗期管理也会出现这类现象。

二、看花

1．**高节位开花**。植株上处于开花状态的节位较高，在盛瓜期与顶端的距离小于 50 厘米，严重者甚至会出现"花打顶"现象。其主要原因是地温过低和后半夜气温低，土壤水分过高或过低，另外与土壤溶液浓度过高或过低也有一定关系，摘瓜不及时造成坠秧或植株老化也能形成此现象。

2．**雌花异常**。如果雌花鲜黄、比较长而大，生育旺盛，向下开放表明植株长势旺盛。反之，有的植株雌花短小弯曲，横向开放，颜色淡黄，长势衰弱，说明植株雌花异常或衰弱。

3．**"花打顶"现象**。黄瓜苗期时，生长点几乎消失，大量的雌花集聚在植株顶部。发生了此种现象，要及时摘除雌花，使其侧枝快萌发，培育新的生长点。

实践过程中，要注意将"花打顶"现象与栽培中的一些正常现象区分开来。在黄瓜定植时，顶部节间很短，各节聚集在一起，很类似"花打顶"现象，但是仔细观察可以看到微小的生长点，浇缓苗水之后，随着节间伸长会逐渐转为正常。一些农户误认为"花打顶"，错误地将顶芽打掉，促使侧枝萌发，结果造成早期产量降低，接瓜推迟。

三、看瓜

1．**不坐瓜**。茎叶繁茂，瓜胎多而稠，雄花簇生，雌花竞相开放，但是迟迟不见坐瓜，是因为水肥早而充足，引起营养生长过旺，而生殖生长受抑制所致。

2．品种不适。瓜码稠，但是瓜胎小而上举，下部幼瓜也相继化掉，叶片多偏小且呈化叶皱缩之状。多因品种不适造成。此外，瓜秧生长正常，有少量正常瓜，但多数瓜先端细而弯曲，结瓜数量不多，是因为该品种不适应温室的高温条件所致。

3．弯曲瓜。密度过大、通风不良、植株郁闭、室温过高、肥料不足和干旱缺水等原因引起植株营养不良，容易产生弯曲瓜。另外，也有一些弯曲瓜是因卷须缠绕或茎蔓遮挡等机械原因造成的。

4．大肚瓜。是受精不良或低温季节未经受精单性结实的瓜，植株生长势较弱，营养不良，干物质积累少，特别是缺钾时很容易形成。同一条瓜在膨大过程中，前、后期缺水，中期水分过量，也容易形成大肚瓜。

5．尖嘴瓜。温室黄瓜在单性结实的情况下，因连续高温干旱，植株长势弱，营养不良，盐类浓度障碍，造成养分、水分吸收受阻，瓜条从中部到顶部膨大伸长受阻，果实长度变短，由此形成尖嘴瓜。

6．蜂腰瓜。瓜条中部如蜂腰，将其纵向切开后，蜂腰部位果肉龟裂，而在心髓部产生空洞，果实发脆。主要是高温干旱，生长势衰弱造成的。

7．苦味瓜。黄瓜植株内含有苦瓜素，瓜中含苦味素多时即形成苦味瓜。氮肥过多，水分不足，低温寡照，土壤溶液浓度过低，植株衰弱时，易产生苦味瓜。

8．瘦肩瓜。瓜梗短，而肩部瘦而长，一般认为是由于夜间温度低，营养过剩，使植株处于过分偏向于生殖生长的一种生理状态。此类生理状态，在打芯之后更容易发生。

9．结瓜部位异常。正常情况下，正开放的雌花距离株顶 50 厘米，达到可采收大小的瓜，距株顶 70 厘米，此瓜以上具有展开叶 6～7 片。如果可采收的瓜距离顶部太远，则说明植株徒长，一般多是由于日照不良，夜间温度高，氮肥多造成的。如果采瓜部位距离顶部位距离端近，则为老化型，这是由于养分、水分供应不足，或虽然有养分、水分供应，但是不能吸收而造成结瓜疲劳现象，有时也由于过湿、过干或地温等因素造成。

四、看须

第三至五片展开叶附近卷须粗大，与茎呈 45 度角伸展，卷须又长又软，呈淡绿色，用拇指和中指捏住，用食指弹时感到有弹性，口嚼有甜味，与黄瓜的味道基本一致，此属正常状态。如果出现以下状态，则属于不正常现象。

1．须下垂。卷须下垂呈弧形或打卷，折时稍有抵抗感，表明不缺肥而缺水。此外，在主枝摘心后，畦面呈半干燥状态，或者轻度的浓度障碍，使根受伤，也有类似现象。此时应浇水，并喷施含有氨基酸或者微量元素的叶面肥，只需连喷 2～3 次，即可恢复。

2．须直立。卷须直立，与茎的夹角小于 45 度，说明浇水频繁，水量大，土壤含水量过高。

3．须细小。卷须细而短，有的卷须先端卷起，说明植株营养不良，甚至植株老化，应及时补充水肥。

4．须黄尖须。卷须细、短、硬，无弹性，先端呈卷曲状，用手不易折断，先端呈黄色，表明植株将要发病。因为一般卷须先端细胞浓度高，黄化时说明细胞浓度已降低，植株将出现衰弱趋势，抗病能力下降。此时应注意观察，注意防治黄瓜病害。

　　在生产实践中，还有许多判断黄瓜健康状况的方法。应用时要根据水、肥、气、热、光等各个因素，细致调查，慎重诊断，综合分析，辨证施治，急则治标，缓则治本，把理论与实践有机地结合起来，更好地指导生产。

「12」

怎样对无公害黄瓜
进行科学病虫害防治?

黄瓜病虫害较多,尤其是保护地栽培的迅猛发展,保护地内高温、高湿及封闭的小气候和常年重茬栽培,为病虫害的孳生繁衍提供了有利条件,使病虫危害日趋严重,成为制约黄瓜生产的主要因素。目前在黄瓜病虫害防治过程中过分依赖杀菌剂、杀虫剂的现象普遍存在,不仅造成农药污染,危害人们身体健康;更为严重的使导致病菌、害虫产生抗药性,使病虫防治难度增加,生产者的经济收入下降。因此,在黄瓜生产上应采用无公害病虫害综合防治技术,即"以农业防治为基础,生态防治为重点,有限采用生物防治、物理防治方法,科学合理使用化学防治",充分发挥各种因素的自然控制作用,创造有利于蔬菜生长、不利于病虫危害的环境条件,增强植株的抗逆性,安全、经济、有效地控制病虫发生。具体防治措施如下:

一、农业防治

1. **选抗病虫良种**。要根据当地病虫发生情况,选择适合当地生产的抗病、抗虫品种,是防治病虫流行的重要途径,也是最经济有效的方法。

2．**科学选地，合理轮作**。选择地势高燥、土壤肥沃、排灌方便的地块种植黄瓜；注意合理换茬轮作，避免重茬连作，可明显减轻多种病虫害的发生。

3．**种子消毒**。黄瓜种子是黄瓜细菌性角斑病、炭疽病、蔓枯病等多种病菌越冬、越夏的场所之一。有的寄生在种皮内，有的附着在种皮上，有的是混在种子中间。目前，温汤浸种、药液浸种、药剂拌种、干热处理等种子处理技术可有效消灭种子上携带的病菌。

4．**培育无病壮苗**。选用无病新土或粮田土育苗，苗床与生产棚室分开，清楚前茬作物病残体，施足基肥；采用无土栽培或快速育苗法，如营养钵、营养盘或者工厂化基质育苗法等，可有效控制苗期病害，显著提高壮苗率。另外，苗期管理要注意防寒保温，相对湿度控制在60%以下，创造不适于病害发生的环境条件，提高植株抗逆能力，可避免苗期病害的发生。

5．**使用嫁接育苗方法**。用黑南瓜籽做砧木进行嫁接是防治枯萎病等土传病害的有效措施，同时可增强黄瓜耐低温能力，延长结瓜期，提高产量。

6．**加强栽培管理**。采取高畦深沟、地膜覆盖栽培，合理施肥、科学浇水。整地时施足腐熟混匀的农家肥和磷、钾肥，生长前期根据植株长势控制肥水供应，后期加大肥水供应并追施叶面肥，保证植株生长健壮不早衰；同时定期喷施磷酸二氢钾，可有效提高植株的长势及抗病能力。浇水采用膜下滴灌或者膜下暗灌技术，切忌大水漫灌技术，浇水后及时封闭膜口，既能降低室内湿度，又能提高土壤湿度；苗期、连阴雨天及地温时应尽量控制浇水。加强田间检查，早期发现病株，及时清除杂草、病叶，并摘除植株下部老叶，可去除发病中心，有利于通风透光，减少生理病害；生产结束后彻底清洁田园，集中销毁残株落叶，以减少或消灭菌源和虫源。

二、生物防治

1．**及时调节保护地温湿度，创造不利于病菌孳生的湿度条件**。早上在室外温度允许的情况下，放风 1 小时左右，以排除湿度；上午密闭棚室，将温度提高到 28℃ 至 32℃（但不超过 35℃）；中午、下午放风，将室内温度和湿度降至 20℃ ~ 25℃ 和 65% ~ 70%，保证叶片上无水滴；夜间不通风，湿度虽然上升，但温度下降到 11℃ ~ 12℃，限制了病菌的萌发。

2．**选用无滴膜，张挂反光幕**。无滴膜具有无滴、透光、耐老化的有点，可减少温室内的湿度；张挂反光幕则可有效改善室内光照条件、提高温度，从而达到增产防病的目的。

三、物理防治

1．**棚室日光高温消毒**。在夏季高温季节，每 667 平方米用 600 ~ 1300 千克麦秸，铡成 4 ~ 6 厘米长，撒在地面上，再均匀撒施石灰氮 50 ~ 100 千克，翻地、铺膜、灌水，然后密闭大棚、温室 15 ~ 20 天，地表土壤温度可达到 70℃ 以上，10 厘米土层温度达 60℃，可有效杀死黄瓜枯萎病菌和线虫等土传病害，有利于土壤中的硝酸盐、亚硝酸盐等有害物质沉积。

2．**高温闷棚**。黄瓜霜霉病发生后高温闷棚施控制病害发展的有效措施。即 3 月下旬以后，选晴天中午，于早晨先浇 1 遍水，提高空气湿度，以防苗头被灼伤，接着封闭棚室使内部温度达到 45℃ 左右，连续保持 2 小时，利用高温杀死病菌，然后打开天窗慢慢降温，使植株恢复正常生长。闷棚时间不能过长，以免影响黄瓜的生长发育。高温闷棚后要加强管理，进行叶面追肥，促进黄瓜恢复正常生产，可视病害程度，实施高温闷棚 1～3 次，隔 7～10 天 1 次。

3．**设置隔离。**在棚室通风口设置细纱网或在设施上覆盖防虫网形成封闭隔离空间，可以有效地阻止成虫入内产卵和幼虫进入直接危害，切断虫害的传播途径。另外，使用银灰色防虫网还有驱避蚜虫的作用，防虫效果十分明显，可降低病毒病的发病率，并减少农药的使用量，既降低了成本，叶保证了生产的无公害化。

4．**诱杀。**利用蚜虫、温室白粉虱和美洲斑潜蝇等害虫的趋黄习性，在棚室中每隔 10 米左右挂一块涂上有机油的黄色捕虫板，引诱成虫自投罗网，可以有效控制害虫的危害，减轻病毒病。

四、生物防治

生物防治是指利用害虫的自然天敌、抗生素、植物源农药、生物杀菌（虫）剂及昆虫激素等防治病虫害，达到以虫治虫、以菌治菌、以菌治虫，实现控制病虫害的目的。如利用寄生性天敌丽蚜小蜂防治温室白粉虱，利用七星瓢虫、草青蛉防治蚜虫、叶螨、红蜘蛛以及温室白粉虱；用阿维菌素类生物农药防治螨类、美洲斑潜蝇、根线虫；用农用链霉素防治细菌性病害；用农抗 120 和多抗霉素防治白粉病、霜霉病；用 2% 武夷霉素防治灰霉病和白粉病等等，都是有效的无公害防治方法。生物制剂可以干扰害虫的生长发育和新陈代谢，虽然效果较慢，但对作物、人、畜安全，并且可不用或者减少化学农药的用量，从而减轻毒性，减少污染。

黄瓜结瓜期不良症状咋这么多？

日光温室黄瓜结瓜期，因受水、肥、气温、光的影响，棚与棚之间因长势不同，往往表现出影响产量的各种症状。近期，菜农朋友也反映出不少黄瓜结瓜期常见的几种不良症状，现总结一下，并将解决办法介绍给大家，供借鉴。

一、花打顶症

花打顶即瓜打顶，瓜蔓生长点内缩，叶色黑绿，幼瓜上扬，高出生长点，生殖生长和营养生长同时受到障碍。这类蔓是一次性施肥过多(尤其是氮肥)或喷农药量过大造成。管理上应采取三条措施：一是重浇一水，随水施入少量腐熟人粪尿；二是在生长点喷低浓度赤霉素；三是追肥，少量多次。浇 0.2%尿素水加 5~10m/kg 的萘乙酸药液，促发新根。

二、瓜皮发黄症

黄瓜处于结果旺盛期时，叶蔓大，生长快，产量高，但往往瓜皮发黄，降低了商品价值。瓜皮发黄是缺氮和缺铁所致，应采取的措施：一是亩（667 平方米。下同）施硫酸亚铁 5 公斤；二是叶面喷施多元素液体肥(含铁)，可使瓜皮由黄变绿。

三、缺瓜症

秧蔓从上至下叶片黑绿厚大，直径达 20 厘米，茎粗超过 1.2 厘米，且瓜数很少，隔节一瓜或几节一瓜，产量大减。此症状是由于施氮素化肥过多、磷钾肥不足造成的。应采取的措施：一是在 20 天内不施或少施硝铵、碳铵、尿素等氮素化肥；二是立即重施硝酸磷肥或磷酸二铵等复合肥，首次亩施 20 公斤，隔 4~5 天再施 10~15 公斤，10 天后就会果实累累。

四、化瓜症

化瓜即瓜繁而不长，幼瓜变黄发软，腐烂或自落。化瓜原因：一是有机基肥施入量少，氮肥不足，秧蔓营养不良；二是叶片感病，尤其是灰霉病，光合作用弱化；三是室内温度过高，光合作用失调；四是根瓜及下部采摘不及时，营养不能重新分配；五是光照不足。总之，都是因营养供求失衡所致。对此症要重施氮素化肥。叶小蔓细的施硝铵可速使叶阔蔓壮；叶大而薄且发黄的施碳铵可速使叶色浓绿。防病要早，及时喷药；早揭晚盖草苫棚膜，谨防高温高湿伤秧；白天室温控制在 24~28℃，不超过 30℃，晚上控制在 14~18℃；根瓜要早摘，成瓜花开始萎蔫时即摘，可以减少化瓜。

五、脆叶症

叶色黑绿且干皱不平，叶缘下垂，指弹即破碎，瓜条小而少，是有机基肥施量过少，追肥单调所致。定植前应施入鸡粪、饼肥，追肥要化肥、人粪尿交替施用，叶面喷米醋 300 倍液，如加入少量丰收一号可提高叶片光合能力。

六、干叶症

一是风灾。如 3 月份以前，气温风力变化大，如在通风口出现中午叶片萎蔫，3 天后褪绿干枯为风灾；二是热害。3 月份以后，棚内温度高达 40℃，中前部秧蔓中部叶片和离棚膜近处的叶片极易干枯；三是药害。喷药浓度过大或用药不当可使秧蔓全部萎蔫。补救办法是：不论何原因造成叶片萎蔫都应立即在叶面上喷洒清水，或冲洗叶片，喷清水后 3～5 小时，再喷丰收一号，利于恢复叶片功能。

七、病害

日光温室黄瓜早期因低温寡照易感疫病 (水渍状斑块和烂头)，中期高温高湿易感灰霉病 (叶背有灰黑色毛和烂瓜) 和白粉病 (白色菌毛)，后期高湿易感霜霉病 (叶面米黄色斑点) 和细菌性角斑病。综合防治措施是：在 11 月中旬至翌年 2 月份喷灰霉净、速克灵或粉锈宁，棚内环境以比较干燥为宜。3 月份以后每 7 天喷洒 1 次粉锈宁、加瑞农，防治白粉病和霜霉病，霜霉病发生严重时可用 1：1：240 的波尔多液普力克、杜邦克露作叶面喷施。

黄瓜植株顶部坏死啥原因?

　　针对近期许多菜农反映黄瓜棚里出现的黄瓜植株顶部坏死现象(即"烂头"),经过多次田间观察发现,最近一段时间内造成黄瓜顶部坏死的并不只是一种原因,根据不同地区的发生情况,我们总结如下几点,供广大菜农朋友参考:

一、生理性缺钙

　　1. 田间表现症状。黄瓜缺钙是在黄瓜伸蔓期普遍发生的生理性病害,容易造成生长点生长不良。据了解,缺钙症状一般黄瓜9叶期至14叶期容易出现,发病时上位叶形状稍小,向内侧或外侧卷曲,生长点附近的叶呈杯状,叶缘卷曲枯死,严重时生长点粘连坏死,潮湿时,易受病菌浸染,表面出现灰黑色霉层(注:生长点附近萎缩、瓜条出现蜂腰是缺硼)。

　　2. 缺钙原因。黄瓜伸蔓期植株体生长最快,蒸发速度也快,容易缺钙;新建棚地土层养分不足,生长期间养分供应不足,大棚温室遇到长时间低温、光照不良、根系受损等不良条件时,容易出现缺钙症状。地温偏低,根活性下降。

　　3. 特点。黄瓜缺钙症是黄瓜的生理性病害,不具有浸染性,在田间个别植株上出现,叶片表面症状明显,对瓜条没有很明显影响。

二、黑星病的危害

1．田间表现症状。黑星病是黄瓜生产过程中的毁灭性病害之一，能够危害黄瓜的生长点、卷须叶片、蔓部、瓜条等多个部位，尤其以为害生长点最为严重，生长点染病后2~3天即可烂掉，形成"秃桩"。卷须染病变褐腐烂；叶片上病斑近圆形穿孔；蔓部和叶柄被害，病部中间凹陷，形成疮痂。

2．特点。黑星病一般在幼苗期和结瓜初期容易出现，瓜条受害后，流胶、病部成疮痂状，容易形成畸形瓜，上述特点是黄瓜黑星病与缺钙的本质区别。

三、灰色疫病

1．田间表现症状。黄瓜灰色疫病可以为害叶、茎和瓜条，黄瓜幼嫩叶片受害后，边缘出现近圆形暗绿色病斑，后呈现腐状下垂，病部逐渐密集白色的霉状物，连阴天棚室内湿度大时容易造成整个生长点受害，粘连坏死。

2．特点。该病易与蔓枯病混淆，应注意区别。

四、综合防治方法

为了克服黄瓜缺钙症，可以每亩施硝酸钙25千克，或在植株8~9叶期(出现缺钙症状期)，叶面喷施含钙叶面肥，补充钙素。同时可以选用世高3000倍液与钙肥混用喷施，兼防黑星病。黄瓜灰色疫病可以选用69%的烯酰吗啉1500倍液或25%甲霜灵喷雾防治。

黄瓜易混淆病害如何辨别？

近年来，随着黄瓜生产茬口的不断变化，各地的保护地生产也处于不同的阶段，因此，各种病害都有不同程度的发生。

据当前调查，冬暖棚黄瓜生产中的主要病害仍有黄瓜细菌性角斑病、霜霉病发生，并且往往是这两种病害混合发生。如果单方面防治其中某一种病害，防治效果不高，遇到这种情况时，按照霜霉病和细菌性病害同时兼治效果才好。

那么在黄瓜上细菌性角斑病和霜霉病到底是什么症状呢，这两种病害在生产中为什么那么容易被人们混淆呢，到底怎样才能区分和防治这两种病害呢？

黄瓜霜霉病在苗期和成株期都可发病，主要为害黄瓜叶片，子叶感病呈褪绿色黄斑；真叶感病，叶缘或叶背出现水浸状病斑，早晨特别明显，病斑逐渐扩大，受叶脉限制，呈多角形淡褐色或黄褐色斑块，湿度大时，叶面长出灰黑色霉层；到后期病斑破裂或连片，导致叶缘蜷缩干枯，严重的田间呈大片黄枯现象。

发病条件：一般情况下，黄瓜霜霉病的孢子囊在温度15～20℃、空气相对湿度83%以上时才大量产生，且湿度越高产生的孢子越多，叶面有水滴或水膜并且持续3小时以上时孢子囊便可顺利萌发和侵入。试验表明：棚内夜间温度由 20℃逐渐降到 12℃，叶面有水 6 小时以上，或夜温由 20℃降到 10℃，叶面有水 12 小时，该病菌才能完成发芽和侵入。该病菌主要浸染功能叶片，幼嫩叶片或老叶受害少，对于一般黄瓜，该病的危害是逐渐向上扩展的。

黄瓜细菌性角斑病主要为害子叶、真叶、茎及叶柄和卷须等。一般真叶感病开始为鲜绿色水浸状病斑，逐渐变成淡褐色，病斑的扩展受叶脉限制呈多角形，当空气湿度大时，叶背面有乳白色混浊菌脓流出，干后留下白痕，病部容易穿孔。茎上感病，开始出现水浸状小点，沿茎沟纵向扩展，湿度大时也伴有菌脓出现，严重的腐烂并且变褐色干枯，表层残留白色痕迹。瓜条染病，出现水浸状小点，同时也常会有白色菌脓。

发病条件：当棚内或田间昼夜温差小，叶面结露时间长时，发病严重。一般在棚内浇水后次日，叶面吐水现象严重时，只要有少量菌源即可引起该病害大发生和流行。

了解了两种病害发病症状和发病条件后，可发现这两种病害的发生和流行都离不开一点，就是空气湿度的增大。所以说，在黄瓜管理中防治这两种病害的关键之处就在于控制棚内空气湿度，其次才是合理用药。首先，选择晴天中午将大棚密封，使棚内温度升高到 45℃，保持 2 小时后放风降温，在焖棚前一天要浇足水分，一般焖棚一次可有效控制病情 10～15 天。再就是，选择半夜时分适当通风 1～2 小时，然后密闭棚室，连续数日即可降低大棚空气湿度，这样可有效降低霜霉病和细菌性角斑病的发病几率。再就是，配合用药防治。

嫁接黄瓜抗病性为何"打折"?

黄瓜嫁接有效地控制了枯萎病的发生及危害,并且增强了黄瓜的生长势,产量也有所提高。但是近几年来,随着嫁接黄瓜的连年种植,生产中又出现了新的异常症状,是不是嫁接黄瓜的抗病性降低了呢?

笔者走访了部分黄瓜种植户,发现嫁接黄瓜主要是出现了以下几种"异常"状况,在此提醒广大种植黄瓜的菜农朋友,防止嫁接黄瓜抗病性"打折"。

1．拟茎点霉根腐病发生严重。黄瓜出现死棵,具体表现是在嫁接后的头一个月内,嫁接苗发育正常,从坐头茬瓜至始收期开始发病,病情发展较缓慢,初期叶片失去活力,中午萎蔫,傍晚和早上仍可恢复,持续一周左右的时间后枯死,检查植株茎基部,砧木茎基部呈水渍状,变褐腐烂,叶片由下自上逐渐干枯,植株死亡。在生产中,中午棚内温度高时,菜农多不在棚内进行操作,故发现病株不及时,造成病害流行严重。

2．产生不定根其主要原因是砧木茎过短,也就是砧木(南瓜苗)长势较弱的原因。同定植时的人为操作也有关系,如定植过深,接穗与土壤接触,扎入土壤,产生不定根,或棚室中湿度过大,接穗产生气生根,随着气生根的伸长,形成不定根。不定根的形成,黄瓜嫁接就会失去意义,使黄瓜容易受枯萎病危害,造成黄瓜植株在结瓜盛期死亡。

3．**急性枯萎不同于枯萎病，黄瓜的维管束无明显的变褐色症状**。发生时期往往在根瓜膨大的时候，植株中午萎蔫，早晚恢复，反复数日后死亡，类似于枯萎病。其实这是由于嫁接时刀口过浅，接口处愈合较差，砧木和接穗的维管束没有对好，致使黄瓜植株在结瓜后因肥水供应不足导致植株死亡。

另一种急性萎蔫产生的原因就是冬季久阴骤晴后出现的，具体原因是因为根系活动差，吸水能力弱，蒸腾作用加剧造成叶片失水而引起的。

菜农可以使用以下方法解决：

1．针对发生过拟茎点霉根腐病的地块，建议菜农朋友改黑籽南瓜嫁接为白籽南瓜嫁接，并注意起垄栽培，地膜覆盖，浇水要适当，防止田间湿度过大。并及时观察，及时防治，可以在发现病情后使用向农 4 号 600～800 倍液进行灌根处理，或使用 10%世高 2000 倍液进行灌根，5～7 天一次，连续 2～3 次。

2．育苗时适当提高砧木苗床的温度；嫁接部位要掌握好，最好在子叶下 1 厘米处；防止定植过深，发现不定根后及时清除。

3．对于嫁接原因造成的急性萎蔫可以通过提高嫁接质量来解决，而因久阴骤晴造成的急性萎蔫可以通过揭花帘、喷施丰收一号等方法解决。

越冬黄瓜如何追肥放风?

一、追肥管理

越冬茬黄瓜结瓜期长达 4～5 个月，需肥总量必须要多，但每次的追肥量又不宜过大，这时因为南瓜根比黄瓜根吸肥能力强，吸肥范围广，故需肥量增加，但一次施肥多了容易引起茎叶徒长。冬季的一大段时间里，黄瓜的生长量不大，又不能多浇水，追肥量大时极易引起土壤浓度过大，形成浓度障碍。

越冬茬黄瓜的追肥按下面的规律进行：摘第一次瓜后追一次肥，亩用硫酸铵 15～20 公斤；低温期一般 15 天左右追一次肥，每次亩追硫酸铵 10～15 公斤；严冬时节要特别注意搞好叶面追肥，叶面喷肥绝对不可过于频繁，否则会造成药害和肥害；春季进入结瓜旺盛期后，追肥间隔时间要逐渐缩短，追肥量要逐渐增大，每亩每次尿素 15～20 公斤；结瓜高峰期过后，植株开始衰老，追肥和浇水也要随之减少，以促使茎叶养分向根部回流，使根系得到一定恢复，以延长结瓜期。

二、放风管理

定植后的一段时间里要封闭温室，保证湿度，提高温度，促进缓苗；缓苗后要根据调整温度和交换气体的需要进行放风。但随着天气变冷，放风要逐渐减少。冬季为排除室内湿气、有害气体和调整温度时，也需要放风。但冬季外温低，冷风直接吹到植株上或放风量过大时，容易使黄瓜受到冷害甚至冻害。所以，冬季放风一般只开启上放风口，放风中要经常检查室温变化，防止温度下降过低。

春季天气逐渐变暖，温度越来越高，室内有害气体的积累会越来越多，为了调整温度和空气交换要逐渐地加大通风量。春季的通风一定要和防黄瓜霜霉病结合起来。首先，只能从温室的高处（原则上不低于 1.7 米）开口放风，不能放底风，棚膜的破损口要随时修补，下雨时要立即封闭放风口，以防止霜霉孢子进入室内。另外，超过 32℃ 的高温有抑制霜霉病孢子萌发的作用，这也是在放风时需要考虑到的问题，当外界夜温稳定在 14～16℃ 时，可以彻夜进行放风，但要防雨淋入室内。日光温室的黄瓜一直是在覆盖下生长的，一旦揭去塑料棚膜，生产即告结束。黄瓜蔓枯病一旦发生较难治愈，因此，预防很重要。

蔓枯病为害较重时该怎样防治?

　　黄瓜蔓枯病在越冬茬和冬春茬温室黄瓜中此病发生较重,主要表现为死秧,一般减产 20～30%。菜农朋友有时难以区分黄瓜蔓枯病与枯萎病。那么,如何鉴别和预防黄瓜的蔓枯病呢?

　　蔓枯病在黄瓜定植后不久就能够表现出叶片长出黄斑的症状,但是不流胶,病菌多从嫁接口侵入,使嫁接口产生黄斑。严重时叶片边缘病斑呈半圆形或双楔形,由外缘向中心发展,叶面上病斑近圆形或不规则形。病斑直径 1～3.5 厘米,浅褐色至黄褐色,上生许多小黑点,晚期容易破裂。病叶自下而上变黄,严重时仅顶剩下 1～2 片叶,病叶不脱落。茎部发病多在基部或节间,最初病斑呈油浸状,近圆形或梭形,灰褐至黄褐色,由茎基向上或由节间向茎节发展至相互连接,常溢出琥珀色胶状粒体。湿度大时茎节腐烂、变黑,甚至折断;干燥时病部表面龟裂,干枯后呈黄褐色至红褐色,密生小黑点。茎部蔓枯病与枯萎病原菌的区分是枯萎病维管束变褐,而蔓枯病不变色。

　　黄瓜蔓枯病一旦发生较难治愈,因此,预防很重要,而且预防工作要从苗期做起。首先,播前种子处理。用 40%甲醛 100 倍液浸种 30 分钟,用清水冲洗后催芽播种。或 55℃浸种 15 分钟,催芽播种;其次,清除病源切断浸染途径。随时拔除病株收集落地病残体,拉秧时清除田园枝叶，对这些都要施行高温堆沤。

　　另外，要加强栽培管理。最好实施间隔 2～3 年轮作，棚室黄瓜加强温湿度管理，施足基肥，增施磷钾肥，科学密植，培育壮苗，提高植株抗病力。进入低温季节，要加强棚室通风，避免蔓枯病的蔓延；最后，药剂防治。发病初期选喷 75%百菌清可湿性粉剂 600 倍液，65%代森锌可湿性粉剂 500 倍液，50%甲基托布津可湿性粉剂 500 倍液，50%多菌灵可湿性粉剂 500 倍液。每 6～7 天喷 1 次，连喷 2～3 次。还可用 45%百菌清烟雾剂，每亩 250～300 克，分放 5～6 处，由里向外点燃后，密封棚室烟熏过夜即可。每 6 天左右熏 1 次，连熏 2～3 次。烟熏与喷雾交替使用最好。

黄瓜连续结瓜有秘诀吗？

同样的大棚，有些菜农提出疑问：我和他们施肥、浇水、管理都差不多，但是自己采摘黄瓜总比别人少，不知道这是为什么？经过走访了解，产量高的种植户有自己的一套管理模式。

黄瓜生长前期每株留4个瓜，分为两大两小，即在黄瓜生长到10片叶片时开始留瓜，一般每隔2叶片留一瓜。而越冬黄瓜生长后期温度变低，节间变短，可以每株留6~7个，即坐瓜就蘸花，每节一瓜。虽然在平时的管理中，每株黄瓜不可能坐那么多瓜，植株会承受不住，这样做到底是利大于弊还是弊大于利呢？这就要看你以后怎么管理了。

1．植株调整黄瓜想高产，首先蔓子长势必须要健壮，即结果前一定要培育壮株，进入结果期后，随着植株的生长，要对植株及时调整，必须要保证植株上的功能叶在16片，因为功能叶少了，光合产物少，不足以供应瓜条生长。落蔓时，一次落蔓不能超过20厘米，以免一次落蔓过长，叶片骤然变少，影响底部瓜条生长发育。同时在落蔓时将老叶、病叶、卷须去除，以防止争夺养分，据资料上所述，2~3个卷须就能够消耗一个瓜条生长所需要的养分。

2．肥水管理少用化肥，多用有机肥或生物菌肥。生产中，老张一直坚持冲施腐熟的人粪尿，效果较好，一般每次冲施 700 斤左右混加少量的复合肥，而浇水的时候不仅重视天气情况，同时还密切注意植株的长势来进行浇水施肥。例如，每次看到黄瓜卷须卷曲了，就知道黄瓜"渴了"，该浇水了。

黄瓜在生长后期，充分利用叶肥的作用，如丰收一号、爱多收、云大 –120 等，不仅可以由叶片补充大量养分，还能增强植株抗性，防止黄瓜早衰，经常喷施丰收一号还能提高黄瓜的连续坐瓜能力呢！

3．病害防治是为了保护叶片正常生长，保证茎蔓健壮。霜霉病、蔓枯病、细菌性角斑病是近年来为害黄瓜生长的三大病害。其中霜霉病和细菌性角斑病主要为害黄瓜叶片，使叶片功能降低，可以使用普力克、安克等防治霜霉病，混加 DT、加瑞农、细菌诺等药剂可综合防治角斑病。蔓枯病不仅能危害叶片，还危害茎蔓，可以使用扑海因、蔓枯灵等药剂调成糊状在病部涂抹，结合喷药淋茎防治效果更佳。

黄瓜连续结果施肥有鲜招吗?

上文谈到了如何使黄瓜连续结瓜,其中有一点大家或许有些怀疑,那就是在每株黄瓜上留6~7个瓜条,因为这和很多菜农朋友种植黄瓜时的做法有很大的不同。这其中又有什么新鲜招呢?

还是那句话,庄稼一枝花,全靠肥当家。

1.大家都知道,关键是基肥。黄瓜产量极高,所以说需肥量也就大,很多的菜农选择使用鸡粪做底肥,同时还应该增加适量的钾肥。将鸡粪充分腐熟以后,运到棚室中,这些肥料可以满足黄瓜前期生长的需要。不过为了保险起见,定植时还要施用部分肥料。

2.冲肥很重要。(1)在黄瓜定植后到坐瓜前,一般都是浇清水,不带肥,因为底肥使用充足,完全可以供应黄瓜苗期生长。待瓜条坐住,长至10~15厘米的时候,浇水时要带肥,并且开始进入正常浇水冲肥阶段。(2)视环境选择肥料,其中环境包括天气、棚温等,越冬茬黄瓜在生长前期棚温较高,为了促苗,可以选择有机生物肥和化学肥料结合施用。生长后期,温度较低,放弃施用化学肥料,而选用一些有机冲施肥。在早春茬种植的黄瓜,进入结瓜盛期以后,要有机肥混合化学肥料一起冲施,这样才能达到高产的目的。

3.叶面肥起辅助作用。叶面施肥要遵循缺啥补啥的原则进行，在植株生长过程中做到及时补充。在施用叶面肥时主要注意以下 6 点：（1）含有大量激素的叶面肥要慎用，叶肥中含有大量的激素会造成植株早衰，造成植株后期产量降低，品质下降。（2）大部分菜农喷施叶面肥时都和杀菌剂混用，但是老张从来不，他喷施叶肥时都是单独使用，用他的话说就是"混合使用效果不一定好，还是稳当点好。"（3）叶面肥的使用一般都是在结瓜盛期，前期养分较充足。而在结瓜后，生殖生长旺盛，所需肥料较大，况且在此阶段，气温较低，根系活动较差，吸收养分能力降低，为满足正常结瓜需要，叶面喷施肥料能补充植株所需要的养分。（4）要密切注意黄瓜叶片的变化，及时补充钙、铁、锌、硼等元素，防止缺素症的发生。（5）在深冬时节出现生长点停滞的情况，要及时喷施丰收一号 800 倍，或喷施云大 -120、爱多收等药剂进行喷施，促进黄瓜生长正常。（6）在黄瓜生长中后期出现植株长势弱的情况，及时喷施丰收一号 800 倍，防治植株早衰。

黄瓜死苗、死棵咋办?

黄瓜育苗期死苗和生长期的死棵是近年来困扰越冬黄瓜生产的重要问题,而在生产中,菜农朋友往往注重出现死棵后的防治而忽略了前期的预防工作。

1．黄瓜育苗期的死苗多是由于感染了猝倒病和立枯病所致,这两种病害为土传病害,可通过浇水、施肥等传播,防治上述病害可从以下三方面进行防治:

(1) **选用抗病品种**。不同的黄瓜品种,其抗病性不一样,在选用品种时,除了要考虑产量和经济效益外,还应该作对比,选用抗病品种。这样能在一定程度上减少病害的发生,可以减少投入成本,间接提高效益。

(2) **全方面的进行消毒杀菌**。一是做好种子消毒工作,在播种前,可用温汤浸种法(50~55℃的水中浸泡20~30分钟)或使用药剂浸种的方法(25%的甲霜灵800倍液浸种半小时),上述两种方法都可以有效的防治黄瓜苗期病害;二是做好苗床土壤消毒工作,可使用恶霉灵、苗菌敌、普力克等药剂处理土壤,消灭土壤中病菌。

(3) **发现病株以后及时处理**。黄瓜幼苗发病以发病植株为中心,向四周扩展,故在发现病株以后应及时拔出带出棚外,并对植株处进行药剂处理。常用药剂有72.2%普力克 600～800 倍；75%百菌清 600 倍；58%甲霜灵锰锌 500～600 倍液等进行喷雾或灌根。

2．造成黄瓜定植后死棵的原因很多，有拟茎点霉根腐病、蔓枯病、菌核病等导致的死棵，也有因肥水不当引起的死棵，还有因为久阴骤晴导致的死棵。在生产中应具体情况具体分析，根据不同原因采取不同的措施。

（1）**及时防治病害**。防治拟茎点霉根腐病的药剂可选用 10%世高 2000 倍进行喷淋，或改黑籽南瓜嫁接为白籽南瓜嫁接，有一定的效果。防治蔓枯病可选用蔓枯灵或百菌清调成糊状涂抹病处，同时结合使用百菌清 600 倍进行叶面喷施。菌核病可选用 50%速克灵 1000～1500 倍进行喷雾防治。

（2）**合理浇水施肥**。浇水要在晴天进行，并且要保证在浇水以后有 3～4 个晴天。浇水量不宜过大，因为浇水会降低地温，水量越大对地温影响越大，因此应采取膜下浇水或浇小水的方法，防止地温过低对黄瓜植株产生不利影响。

冬季气温较低，冲肥时应注意使用生物菌肥或腐殖酸肥为主，以利于促进根系生长，但使用要适量。

（3）久阴骤晴时注意揭花帘，或在植株上喷施丰收一号 1200 倍液，防止骤晴后造成急性萎蔫死棵。

黄瓜长势 "参差不齐" 怎么办?

常常接到种植户打电话咨询:俺家同一个大棚种的黄瓜,施肥、管理都一样,怎么长势 "参差不齐"?

根据笔者的调查,发现黄瓜长势不齐大致是由以下 4 方面造成的:

1. **施肥不当**。由于赶时间,施用了未经充分腐熟发酵的鸡粪作为底肥,造成伤根,是导致当前该地黄瓜长势不齐的主要原因。部分黄瓜在烧根以后,苗子长势不齐,差别很大。此外,还有个别温室中因为施用的鸡粪中含有火碱造成长势不齐,而化肥造成的烧根主要是因为施用量过大。

针对上述原因造成的烧根,蔬菜协会专家提出以下建议:施用充分发酵腐熟的有机肥,并尽量早施,在黄瓜生长期内,适当冲施一些生物菌肥,如健之宝、禾珍牌系列有机肥等。针对现在长势较弱的幼苗,可以使用丰收一号 800 倍液进行灌根,促进长势。化学肥料冲施量不能过大,每次冲施量每亩不能超过 30 公斤。在温度降低以后冲施化学肥料会刺激根系,造成植株受影响,可以选择冬天能冲施的肥料,如让蔬菜 "吃肉喝汤" 的肥料、螯合生态兰肥(复合肥料)、硝酸钾钙硼等肥料。

2. **地面不平整造成黄瓜长势不齐**。浇水时温室内地势低洼不平,使植株水分供应不均衡,地势高则水少,地势低则水多，加之很多菜农在浇水时还会冲施部分肥料，这更造成了植株长势不齐的状况。

防止方法：地面整平，并结合小水勤浇。极力避免有的苗浇到，有的浇不到。同时应防止大棚前脸处积水不能过多，造成根系缺乏氧气产生沤根造成长势不齐。

3．根结线虫为害造成长势不齐。有的棚室内有根结线虫为害，浸染黄瓜根部，由于棚室内线虫为害程度不一，有的地方严重，有的地方较轻，这也会使黄瓜植株长势不齐。

防治措施：可以使用 1.8%的阿维菌素 2000～3000 倍液进行灌根。有菜农使用阿维菌素冲施，此方法可以，但是效果不明显。可对水后进行灌根处理，每株 200 毫升药液。

4．定植时苗子大小不一。此种情况发生较少，因为菜农朋友在育苗时都会多育出一部分备用，但是在苗期遇到严重病害流行的时候，备用的苗子也可能不够用，但是又不能不栽，就会在邻居家借点苗定植，这就造成黄瓜长势不齐。

定植时选苗要均匀，对长势不齐的可以喷施丰收一号 800 倍液进行控制，促使生长均匀一致。

黄瓜叶缘 "镶金边" 是咋回事?

近期有的种植户在谈论，大棚黄瓜植株中上部叶子的叶缘发黄，像镶了金边，但叶片组织并不坏死，都说这是喷农药过量造成的药害现象，也不知是不是，怎么防治好?

其实，黄瓜叶子 "镶金边" 的现象不是喷农药过量造成的药害，而是由于施用氮肥不当引起的生理障碍所致。

在农业生产上施用的氮肥中，氮的形态有所不同，如硝铵为硝态氮，碳铵为铵态氮，尿素则为酰铵态氮。这3种氮肥中，黄瓜对硝态氮最为情有独钟。据实验，当培养液中硝态氮占90%时，黄瓜茎叶鲜绿，生长量也大，对钙、镁的吸收量均高；当培养液中硝态氮只占10%时，黄瓜生长量下降80%，吸收钙量下降69%，吸收镁量下降52%。黄瓜叶镶金边就是因为土壤中铵态氮过多，阻碍了黄瓜对钙的吸收引起的病态。

施用铵态氮过多还会发生一系列其他病态：叶色由深绿变为暗绿，叶面似有蜡而油光发亮；叶肉突起，叶脉相对下凹；叶缘下卷，叶子中部隆起，呈降落伞状；生长点萎缩，心叶下弯，迟迟不展，一旦展开也明显比其他叶子小，使顶部叶片明显急剧缩小；根色发锈、根尖部钝齐呈截头，严重时出现烂根、死苗。出现这种现象实际就是铵态氮施入土中，易被土壤吸附，提高土壤溶液浓度；而硝态氮施入后，不易被土壤吸附，因此，黄瓜施用硝态氮是防止生理病害重要措施之一。

在出现"镶金边"情况时，可叶面喷施 0.5%的过磷酸钙溶液或 0.4%的氯化钙溶液 2～3 次，能有效增强植株的生活力。另外，施用硝铵作底肥时，施用量不宜大。追肥也要多次施用，避免一次施用过量造成土壤溶液浓度过高，影响吸收。

黄瓜叶缘「镶金边」是咋回事？

黄瓜不同生长阶段
发生病害咋处理?

　　黄瓜生长发育的不同阶段,所发生的病害多不相同。因此可以在不同阶段确定防病治病的重点,做到有的放矢,才能取得防治效果,下面就黄瓜在不同阶段所要发生病害作一介绍。

「40」

　　1.移栽后幼苗易发立枯病,常先在环境潮湿条件下使茎基部生褐色斑点,稍凹陷。边缘明显,也能使下面根部腐烂,造成上部萎蔫,植株死亡。

　　防治方法:种子处理和苗床用药土,另外,还可用20%甲基立枯磷1000倍液、95%恶霉灵3000倍液;30%倍生1200倍液喷雾防治1~2次,

　　2.移栽后发生的枯萎病,青枯病,基腐病等,可以地下灌用DT300倍液混加甲基立枯磷1000倍液,连灌两次,间隔半月,每株用药水200毫升。

　　3.至伸蔓期易发白粉病,先在叶表面生成白色粉斑后面积不断扩大,使叶片局部皱缩变黄,严重时叶片大部被白粉覆盖,叶柄和嫩茎也常被浸染,长势衰弱,可喷用武夷霉素200倍液或丰收一号800倍液进行预防。发病后可喷用10%世高2000倍液1~2次。

　　4.黑籽南瓜嫁接的黄瓜在40天左右可能会发生拟茎点霉根腐病,表现是叶片萎蔫,开始时细根褐变,中后期

黑籽南瓜砧木部分呈水浸状变褐色腐败，根有纵裂，根呈水浸状变褐色，上部黄瓜枯死。

防治方法：可用 20%恶霉灵或 DT 进行灌根。

5．伸蔓初期至结瓜期易发生霜霉病，霜霉病在子叶上呈黄褐斑，传播到真叶上的霜霉病表现为水浸状变色斑，早上或湿度大时色深，后由小点扩大为多角形斑，后来叶背面斑上生出黑霉毛。感病品种深冬进入结果期病情会特别严重。

防治方法：及早喷施霜脲锰锌，严重时用安克或灭克一起使用，也可用 70%安泰生 700 倍液防治，必要时混用 600 倍液霜霉威一起使用。结瓜量大，蔓子弱病严重时，混加丰收一号 800 倍液能明显提高防效。

6．当黄瓜蔓长至 0.6~1.0 米，遇到室内低温，湿度近饱和且有露水时，常在生长点附近发生细菌性缘枯病，烂叶边严重，晴天干燥停止发展，阴雨天湿度高时又会发展起来。可用加瑞农 800 倍液或其他铜制剂防治，预防可喷 3000 倍液链霉素。因该病专在嫩叶部分发生，而每天都有新的嫩叶长出，且叶上未喷过药，所以往往连喷几次药才有效，药浓度不易高，但次数要多，重点喷好生长点附近的嫩叶才行。

7．在黄瓜初期结瓜期，易发生黄瓜蔓枯病，多由子叶传播到真叶上，病斑多来自叶缘，变黄褐色，向叶中伸展。病斑较大，较薄，上生稀疏的黑点，在茎上为白色条状斑，有时会流有琥珀色胶，后期干裂呈麻状，蔓烂株死。防治可喷用 75%百菌清混加 25%咪鲜胺 1500 倍液或混加百可得 700 倍液进行防治，5~6 天喷一次，共 2~3 次，重点为下部叶片和茎蔓近地面部分。

嫁接黄瓜定植后如何整枝？

越冬茬黄瓜棚室环境的调控、病害的防治、肥水管理是黄瓜获得高产高效的关键措施，这也是菜农最注重的3个方面。除此之外还有哪些措施有利于黄瓜获得高产高效呢？

一、去除砧木南瓜的侧芽

在高温高湿条件下，南瓜生长点处易生出新的侧芽，在发现后应及时抹掉，防止其争夺养分。在黄瓜苗定植后，应及时进行划锄，促进黄瓜根系深扎，然后再覆盖地膜。如地膜覆盖早，黄瓜根系大都集中在表土中，在严冬季节时不耐冻，容易造成死棵现象。

二、吊蔓

嫁接苗定植后，在植株长到15～20厘米左右、6片真叶时开始吊蔓，用尼龙绳一头系住钢丝，另一头系在黄瓜苗上，注意最好拴成活结，以方便以后落蔓。另外需要注意的是松紧要适度。

三、去除卷须

棚室栽培黄瓜卷须比雌花出现较早，很容易与雌花争夺养分，尤其是顶部的卷须更容易争夺养分。另外，卷须也给整枝吊蔓等操作增加难度，故在时间允许的条件下应及早掐除。

四、侧枝的去留

对于瓜秧下部长出的侧枝，可以视情况做出相应的处理，(1) 如茎蔓粗壮，每节都有侧枝，侧枝上有雌花，可以保留 1~2 个侧枝，每个侧枝上留 1~2 片叶，留 1 个雌花，然后去除侧枝生长点。 (2) 如茎蔓细弱，侧枝暂时全部去掉，然后视植株长势进行处理。 (3) 如侧枝上没有雌花，则将侧枝全部去掉。

五、瓜打顶或花打顶处理

由于自然因素造成棚室不能及时浇水，或根瓜不能及时采收、寒冷或喷药不当引起的黄瓜瓜秧生长停滞，龙头紧聚，生长点附近的节间呈短缩状，即靠近生长点的小叶片密集，各叶腋出现小瓜纽，大量雌花生长开放的现象，称为花打顶或瓜打顶。针对这种情况，应去除植株顶部大量瓜纽，并喷施丰收一号 800 倍液来平衡营养生长和生殖生长。待新叶长出后进入正常管理。

六、绑蔓或落蔓

黄瓜进入抽蔓期以后，生长迅速，每隔 2~3 天掐一次卷须后，还要相应的进行落蔓。落蔓时打开底部活结，把茎蔓落下 50 厘米左右时再系好。一次性落蔓不要太多，最好使叶片能均匀的分布，不相互遮挡。在绑蔓的同时，注意把长势较旺的植株瓜秧适当下缩，适当减弱生长势。把长势较弱的瓜秧落蔓少些，促进生长。需注意要保持瓜秧高度一致，便于以后的管理。

大棚黄瓜不用药
怎样防治霜霉病?

如今,无公害种植成为种植户的共识,但是有些病害不用药物怎样防治呢?

变温管理:早上拉开草苫后,放风排湿半小时,然后紧闭棚室,将棚温迅速提到28℃以上。温度上升到30℃时开始放小风,上午将温度控制在28℃~32℃。午后如果棚温继续升高,可加大放风量,将温度降到20℃~25℃。入夜后,前半夜将温度控制在18℃~20℃,后半夜将温度控制在14℃以下。

适时浇水:根据天气、土壤墒情和苗情适时浇水。浇水时间应选在晴天上午,可小水勤浇,切忌大水漫灌。浇水后马上关闭棚室,将温度提高到32℃,在此温度下维持1小时,然后放风排湿。

改善栽培条件:大棚应尽量选用无滴膜。无滴膜透光性好,可避免棚膜结露,提高棚内的温度,降低棚内的湿度。也可在棚室后墙上张挂反光幕,增强棚内的光照,提高棚内的温度。此外,还可在行间铺撒干草,以避免土壤水分蒸发,降低棚内的湿度。

高温闷棚:进入4月后,如果发现病株,可选晴天上午密闭棚室,将温度升到45℃并保持2小时,以杀灭棚内的病菌。为了防止霜霉病的发生,每周可闷棚1次,闷棚后适当放风,放风量先小后大。需要注意的是,闷棚前的一天必须浇水。

棚室黄瓜化瓜严重咋办?

什么叫黄瓜化瓜? 黄瓜雌花未开放或开放后子房不膨大, 迅速萎缩变黄脱落, 称为化瓜。温室大棚中出现的黄瓜化瓜现象是由环境条件、栽培季节及栽培品种等多方面因素引起的, 现把其解决措施简述如下:

1. 因育苗期温度过高或过低、干旱缺水、光照不足及秧苗徒长等原因造成花芽分化受阻引起的化瓜, 可采取培育黄瓜壮苗的办法来解决。为防止苗期徒长造成化瓜, 可在 1 叶 1 心和 3 叶 1 心期用 150～200 毫克/公斤的乙烯利溶液喷洒秧苗, 并加强通风透气, 加大昼夜温差, 降低湿度, 增加光照等农业措施防止徒长, 形成壮苗, 促成雌花, 提高产量。因苗期低温造成的化瓜可以采用叶面喷 1%磷酸二氢钾 + 1%葡萄糖 + 1%尿素混合液来补救。

2. 因营养生长过旺造成的化瓜, 可采取协调生殖生长和营养生长的办法来解决。如推迟追肥和浇水期, 控制氮肥的施用等措施抑制地上部生长, 促进根系向深层发展。已发现植株生长旺、造成化瓜时, 可喷 100 毫克/公斤乙烯利溶液促进雌花的发生; 当植株节间过长, 生长细弱, 有徒长迹象时可喷 20 毫克/公斤的矮壮素溶液, 抑制徒长, 促进瓜条生长。

3. 因生长期中高温、干旱缺肥或氮肥过多造成的化瓜, 可采取降低温度, 适时灌水, 增施磷钾肥的办法解决。生产上常采用灌人粪尿（500~700公斤／亩）和叶面喷施0.3%磷酸二氢钾＋0.5%尿素＋1%葡萄糖混合液来克服氮肥过多造成的化瓜。

4．因低温、阴天造成的化瓜可采取：（1）1%磷酸二氢钾＋1%葡萄糖＋1%尿素混合液叶面喷施（主要在苗期使用）。（2）越冬茬黄瓜，在结瓜期用100毫克／公斤赤霉素溶液喷花，可促进瓜条生长，并防止低温化瓜。（3）在黄瓜开花后2~3天用500~1000毫克／公斤的细胞激动素溶液喷洒小瓜，能加速小瓜生长，防止低温化瓜。（4）在黄瓜7叶时，喷0.2%的硼酸水溶液进行保瓜。（5）用50~100毫克／公斤赤霉素＋40毫克／公斤萘乙酸混合液，用毛笔顺瓜涂抹或点涂雌瓜或用手持喷雾器喷瓜，均能减少化瓜，且瓜条膨大速度快，增产增收。

5．因棚内二氧化碳浓度不足造成化瓜，可采取温室增施二氧化碳气肥的方法来解决。用厂家生产的二氧化碳气肥效果较好，也可用稀硫酸和碳酸氢铵反应形成二氧化碳。

6．因过分密植引起的化瓜，可采取合理密植的方法来解决。（1）春早熟黄瓜的密度以4000株／亩为宜。（2）秋延后黄瓜的密度以5000株／亩为宜。（3）越冬茬黄瓜的密度以3500~4000株／亩为宜。以上只是参考，实际栽培中要根据品种特点确定合理的密度。

7．因根瓜采收不及时造成化瓜，可适时采摘根瓜。这种情况，往往在初种黄瓜的栽培者身上发生，若田间出现由于根瓜采摘晚而造成化瓜时，可采取追施人粪尿和根外喷施磷钾肥的方法来弥补。

8．因病虫危害造成的化瓜，可通过加强病虫害防治，喷施一些植物生长调节剂和加强肥水管理，提高黄瓜抗病性，促进健壮生长等方法来解决。在黄瓜上常用的植物生

长调节剂主要有 500 倍液绿风 95 和 1000 倍液的植物动力
2003 等。

9．因品种结实力较强，而营养供应跟不上造成的化
瓜，栽培中根据不同季节，不同的栽培设施，选用合适的
栽培品种。有些黄瓜品种由于其节节有瓜，一节多瓜，在
肥水管理跟不上，病虫害严重时，往往表现为较重的化瓜
现象。

用乙烯利促雌花
分化受害怎么办?

用乙烯利（ECPA）促进大棚黄瓜幼苗的雌花分化，已经成为一项成熟的技术应用于生产实践。但仍有许多菜农往往不能准确掌握用药浓度，造成浓度过高，使幼苗生长停滞，花打顶、形成僵苗，严重时生长点干枯死亡。为此，现将大棚黄瓜受乙烯利药害的补救措施总结如下：

1．**加强肥水管理**。药害发生后，根据药害程度，增施速效性氮肥，同时增加灌水次数，以保证充足的水肥供应。

2．**提高棚内温度**。正常的黄瓜幼苗期白天适宜的温度是 25~28℃，夜间 13~15℃。受害后，白天要提高棚温至 30℃，以促进幼苗生长；夜间可保持原来的低温，保证雌花的继续分化。

3．**喷施赤霉素**。黄瓜四叶一心期有乙烯利处理，浓度大于 200ppm 即发生药害，此时可用 20~50ppm 的赤霉素喷施。据吉林农业大学试验效果良好。具体注意事项如下：(1)目前应用的赤霉素为晶体袋装产品，使用时要先用酒精或白酒将其溶解再按浓度配制。(2)要在药害症状出现后及早喷施。否则效果欠佳。(3)第一次喷施一周后，喷施第二次，15 天左右能全部恢复正常。

黄瓜红粉病咋识别与防治?

有种植户拿着十余片黄瓜叶片,请求识别是什么病害。种植户拿来的叶片上呈现暗绿色圆形至椭圆形或不规则形浅褐色病斑,大小为1~5厘米,湿度大时边缘呈水浸状,病斑薄易破裂。病斑上生有浅橙色霉状物,叶片上有腐烂块或部分干枯。经鉴别,这就是黄瓜红粉病。此病是近年温室黄瓜等瓜类作物生产中新发生的病害。该病病斑比炭疽病大、薄,呈暗绿色,不产生黑色小粒点,别于炭疽病和蔓枯病。黄瓜红粉病发生的现象,在现有的资料、文献中未见报道。经过笔者的观察现总结如下:

一、病源

病源为粉红单端孢,属半知菌类真菌。菌落初白色,后渐变为粉红色。分生孢子梗直立不分枝,顶端有时稍大;分生孢子顶生,单独形成,多可聚集成头状,呈浅橙红色,分生孢子倒洋梨形,无色或半透明,成熟时具1隔膜,隔膜处略缢缩。

二、传播途径和发病条件

病菌以菌丝体随病残体留在土壤中越冬,翌春条件适宜时产生分生孢子,传播到黄瓜叶片上,由伤口侵入。发病后，病部又产生大量分生孢子，借风雨或灌溉水传播蔓延，进行再浸染。病菌发育适温 25～30℃，相对湿度高于 85% 易发病。因此，本病易在春季温度高、湿度大、光照不足、通风不良的温室发生。密植、植株徒长、生长衰弱等原因易造成该病发生。

三、防治方法

1．**种子消毒**。用 25% 多菌灵可湿性粉剂 50 倍稀释液浸种 30 分钟，倒液阴干后第二天播种。

2．**高畦地膜栽培**。保护地或露地均可实行高畦地膜栽培，或畦面铺稻草或麦秸。秋棚黄瓜最好在棚内育苗。

3．**膜下沟灌**。适度浇水和及时排除空气中过多的水分，控制发病。

4．**加强管理**。棚室栽培黄瓜应适度密植，及时整枝、绑蔓，注意通风透光。春茬大棚黄瓜生长前期适当控制浇水，进行夜间和清晨通风，选用无滴膜，防止棚顶滴水。在发病期间，摘瓜、绑蔓等农活应在露水消失后进行。雨季加强田间排水，并及时追肥。

5．**药剂防治**。重点是在苗期下雨前后和发病初期摘去病叶后施药，每隔 5～10 天再行用药，连治 3～4 次。药剂可用 50% 多菌灵可湿性粉剂 500 倍稀释液，或 50% 托布津可湿性粉剂 500 倍稀释液，或百菌灵与多菌灵，或百菌清与托布津各 1：1：1000 混合液。发病初期熏烟百菌清烟雾剂，或喷粉 10% 百菌清粉尘剂，每 1000 平方米 1.5 千克。

处理黄瓜重茬有妙法吗?

棚室黄瓜如果连续种上两茬，再继续种下去就会出现减产、品质下降等一系列问题。那么对此如何处理呢？

1．**棚室换土**。在第三茬定植前 1 周左右，把棚室里的表土铲除 40 厘米深，移到棚室外，再把无病区的熟土移入棚室内，然后进行整地，准备定植。此法工作量大，但效果较好。

2．**通过嫁接处理**。利用黑籽南瓜苗作砧木，采用靠接或劈接法，进行嫁接处理，以提高植株的抗病及耐寒能力和根系吸肥吸水能力，从而达到提高产量，改善品质的目的。

3．**合理轮作**。采取与非瓜类作物 3 年以上轮作，并注意田间卫生，不施用带菌肥料，如有可能进行 5～6 年以上的轮作，效果会更好。

增施有机肥，土壤药剂处理：施足充分腐熟的有机肥，采取配方施肥，以提高土壤肥力，改善土壤结构，提高地温，利用根系生长增强抗病力。在整地时，用 50%多菌灵或重茬剂进行消毒。以后加强栽培管理。

4．**选择优良品种**。品种选择选择抗病、适应性强的黄瓜品种。每亩用种量 80～100 克。

5．**适时移栽**。苗龄掌握在 25 天左右，有 3～4 叶时移栽，亩栽 4000～5000 株。第二茬黄瓜套栽在前茬黄瓜根旁，第三茬黄瓜套在第二茬黄瓜根旁。幼苗 3 叶和 6 叶期各喷 1 次，浓度为 150～200 毫克 / 公斤的乙烯利溶液，以增加雌花数，提高产量。

6．**肥水管理**。在施足基肥的基础上，每茬黄瓜还应追肥两次，第一次移栽后，每亩用 500 公斤人粪尿加水，小肥大水穴施，促进活棵发棵。第二次追肥在结根瓜后，每亩用惠满丰颗粒肥 30 公斤开塘深施。后期结合喷药进行根外追肥。夏秋温度高、光照强、土壤易干旱，应及时浇水，抗旱。浇水在傍晚进行，切忌在中午浇水。

7．**搭架整枝**。头茬黄瓜移栽后立即搭架引蔓。主蔓 1～7 节长出的侧蔓应及早去掉，6 节以后的侧蔓留 1 叶摘心。主蔓长满架后摘心，后期让其自然生长。在第三茬黄瓜套栽后，随时更换或固牢瓜架。

8．**病虫防治**霜霉病可用银法利、凯润等药剂防治，白粉病可用腈菌唑、翠贝等药剂防治；蚜虫、瓜螟等用抑太保、华戎一号防治，每 7～10 天喷药 1 次。

9．**及时采收**一般 2～3 天采收 1 次，盛果期每天采收 1 次。

黄瓜落蔓有讲究吗？

落蔓是温室大棚黄瓜延长生长期，实现优质高产的重要技术措施之一。所以说，掌握正确的落蔓方法，是保证黄瓜优质高产的前提。

一、落蔓的作用

落蔓能使叶片均匀分布，保持合理的采光位置，维持最佳的叶片系数，提高光合效率，从而可以使生长势加强，结瓜期延长，同时也利于农事操作。

二、落蔓时间

在植株生长点接近棚顶，无叶茎蔓离地面 30 厘米以上的时候要及时落蔓。落蔓宜选择晴暖午后进行，这时候植株茎蔓含水量低，组织柔软，不宜损伤茎蔓。切记不要在含水量高的早晨、上午或浇水后落蔓，以免损伤茎蔓，影响植株正常生长。

三、落蔓前的准备

1．控水。落蔓前 7 天最好不要浇水，这样有利于降低茎蔓组织的含水量，增强柔韧性，还可以减少病源。

2．先去除病、老叶，带出棚外烧毁，避免落蔓后靠近地面的果实、叶片因潮湿的环境发病。

四、落蔓的要领

1．松绳绕茎将缠绕在茎蔓上的吊绳松下，顺势把茎蔓落于地面，切忌硬拉硬拽，茎蔓要有秩序的向同一方向逐步盘绕于栽培垄的两侧。盘绕茎蔓时，要顺茎蔓的弯向把茎蔓打弯，不要硬打弯或反方向打弯，避免扭裂或反方向折断茎蔓。开始落蔓的时候，茎蔓较细，间隔时间短，绕圈小，茎蔓长粗后，落蔓时间间隔稍长，绕圈大，可一次性落茎蔓的 1/3～1/4。

2．留叶数目和株高保持有叶茎蔓距垄面 15 厘米左右，每株保持功能叶在 20 片以上，株高 0.8 米（靠南边）～1.5 米（靠北边）。

五、落蔓后的管理

1．温度管理在落蔓后，需要适当地提高棚温，以促进受伤茎蔓伤口的愈合，促进植株的正常生长。

2．喷施药剂为防止病菌从受伤的茎蔓侵入，需及时喷施一些杀菌剂，保护植株不染病。

3．肥水管理落蔓虽能降低植株结果位置，但是却加大了结果部位与根系的实际距离，加之果实越来越大，如果肥水供应不充足，所生产的果实品质得不到保证。

4．整枝落蔓后，茎蔓下部会生出侧枝，应及时抹掉，保证主茎正常的营养供应，上部的管理照常进行。

黄瓜霜霉病为何成"顽症"?

谈起黄瓜霜霉病，菜农朋友们对其发病症状多已分辨得比较清楚，生产上也能够做到对症下药，但是防治效果却难尽如人意，以至于成为让很多菜农头疼的"顽症"。在防治黄瓜霜霉病时，菜农朋友都能对症用药，但有些却不得要领，关键的一点是重复用药，导致病菌产生了抗药性。在长时间连续使用该药后，导致病菌对该药产生了抗性，因而再喷该药也就很难见效了。那么如何根治这一顽症呢？

棚室环境条件是咱菜农应该引起重视的一项。其中空气湿度是最重要的发病条件。因此，首先要从控制发病条件入手。

生产中我们不难发现，很多时候霜霉病的发生是从棚室前端薄膜滴水处开始浸染的，这也就是说要防治霜霉病就先要控制好湿度，创造不利于霜霉病发生的环境。在越冬黄瓜生产中不仅要全部覆盖地膜以降低棚内空气湿度，还要将大棚前端薄膜滴水后用薄膜将其与黄瓜隔开，以降低霜霉病的发生。并且在浇水时要采用膜下供水，杜绝大水漫灌，采用晴天小水勤浇方式供水，阴天和雨天不能浇水。同时，还要注意加强通风，控温控湿。

高温闷棚是通过升高棚内温度来达到杀灭霜霉病菌的目的，方法是可以，但风险较大，生产中必须要注意保持湿度和闷棚时间。

　　利用晴天，将棚室封严，使黄瓜生长点部位的温度迅速升到 45℃，保温 2 小时，然后再由小到大逐步放风降温，以免造成闪苗；必须注意的是：高温闷棚时必须保持尽可能高的土壤湿度，闷棚头天一定要浇水，深冬时闷棚的次日还应注意把棚温提高到 33℃再放风，以使地温尽快恢复。

　　特别是在黄瓜生长发育中后期，在喷施安克、烯酰吗啉、灭克、霜脲锰锌、抑快净、阿米西达等防治霜霉病时，应在上述药剂中混加 300 倍的磷酸二氢钾和 300 倍的白糖，可起到事倍功倍的效果。

「56」

黄瓜育苗有啥新法?

黄瓜采用"四高四低"育苗新法，可使幼苗健壮，抗逆性强，早上市 7 天，增产 30%。

1．**高温浸种**、**低温贮种**。先将黄瓜种子放入 55℃的水中烫十分钟，再放在 32℃的温水中浸泡 4 小时后，捞出后用湿布包好，放在 5℃的冰箱中冷贮一夜。第二天取出用凉水冲淋，晾干后备用。

2．**高温催芽**、**低温炼芽**。将种子置于 30℃～32℃的温度下催芽，24 小时后可全部出芽。出芽 2 小时后降温到 25℃炼芽 20 小时。

3．**高温催苗**、**低温蹲苗**。播种前室内温度控制在 40℃，以气温促地温回升，待土壤温度达 32℃时立即播种已催芽的种子。播种后控制室内温度为 32℃，土壤温度为 30℃，24 小时后幼苗可全部出土。幼苗出土后把室内温度降到 26℃蹲苗 2 天。

4．**高温缓苗**、**低温炼苗**。幼苗移栽后，室内温度控制 30℃～32℃，土壤温度控制在 30℃。缓苗后，白天温度控制在 25℃～30℃，夜间温度控制在 15℃～18℃。定植后 10 天进行低温炼苗，白天温度降为 20℃～28℃，夜间温度降为 14℃～15℃。

黄瓜放风蘸花有技巧吗?

黄瓜的商品价值主要根据其外部形态决定,为了促使黄瓜瓜条直溜,很多菜农都在蘸花药中加入一些叶肥,如顺直王、黑又亮等。可是有些菜农在采用上述方法之后才发现,这样根本不能有效减少弯瓜数量。

掺加叶肥以后还会产生不少的弯瓜,到底是怎么回事呢?

要想弯瓜少,必须掌握放风、蘸花技巧。

放风

提到放风,很多的菜农朋友应该都知道,因为这是每天必不可少的工作之一。也有的菜农朋友会说:"放风?谁不会啊,不就是拉开草苫以后,等棚室中的温度达到30℃左右时放风吗?"黄瓜棚放风要有技巧,在拉开草苫以后,不是等棚室温度上升到30℃左右时再放风,而是拉开草苫以后接着就将放风口拉开一条小缝。这样做虽然棚室温度上升得慢,但是温度变化幅度不大,对瓜条生长有利。而在中午头前后等棚室温度上升至30℃左右时再加大放风量,让黄瓜植株和瓜条都有一个适应的过程。

揭开草苫,等温度上升到30℃以后猛地开始放风,棚室中的温度从30℃一下子降到20℃左右,黄瓜植株肯定受影响,温度变化那么大,人都受不了,何况是黄瓜呢!

蘸花药中加入丰收一号

大棚中弯瓜比较少，除了采取上述放风方式外，那就是在蘸花药中加入丰收一号（两点花药加入 1 毫升丰收一号），除了结出的瓜条直溜，瓜条颜色还好看，油黑光亮，鲜翠欲滴。

当然，也不能忽视一些外在因素的影响而产生弯瓜：(1)黄瓜采收初期，叶面积小，营养供应不上，采收末期植株老化，叶片病害重，均易产生弯瓜。(2)肥料不足，种植密度大，光照少，杂草多，养分供应不上，以及土壤干燥，易发生小头弯曲瓜。营养水分过多而引起茎叶过于繁茂，易产生大头弯曲瓜。(3)土壤缺少微量元素硼，正在肥大的果实呈现纵身条纹，并弯曲。

针对外在因素原因形成的弯瓜，可以尝试着使用以下方法：(1)选择单性结实能力强的品种。(2)摘除卷须，可预防因卷须等物理障碍引起的弯瓜现象。(3)采取合理的栽培措施，积极防治病虫害，科学施肥，避免温度过高、过低，土壤过干、过湿，预防连续低温，以促使果实顺利生长发育。

冬季冷空气活动
频繁温室黄瓜咋管理?

冬季冷空气活动频繁,外界气温忽高忽低,对温室黄瓜的管理极为不利,造成瓜秧徒长或多种病害的发生,那么在管理应注意什么呢?

一、防高温徒长

高温缓苗后,黄瓜白天最高温 30℃,晚上 15 ~ 18℃。如果气温过高,应加大放风,或用少量草苫短时间内遮阴,也可用浇小水来降温,做到控温不控水。

发生徒长和病秧的要用降低夜温来控制,尽量不要使用各种激素。

二、防肥害苗

由于温室连年种植,施肥量大,极易造成肥害的发生。表现为:生长点变小,不拔节,叶色黑(边缘镶金边),植株根系呈褐色,毛根表皮脱落,无次生根等。发生肥害后,及时浇大水压肥。叶面可喷施海明顿、植物精华素等。

三、及时掐掉南瓜再生赘芽和黄瓜的不定根

在瓜秧的生长过程中，南瓜再生赘芽应及时掐掉，避免营养消耗，再定植时黄瓜胚轴接触到土壤，易长出不定根。如果不及时处理，就会失去嫁接的意义，导致枯萎病、蔓枯病等土传病害的发生，因此对黄瓜长出的不定根应沾上杀菌剂及时抹掉。

四、适时追第一次膨瓜肥

由于温室底肥充足，一般苗期不需追肥，只浇空水。第一次追肥应在第二条瓜开始膨大时施用，并做到少量多次。

五、及时防治病虫害

1. 定植初期常见的虫害有白粉虱、潜叶蝇、茶黄螨等，可用粉虱尔泰、齐螨素、抑太宝等防治；2. 由于外界气温尚高，温室内极易出现高温、干旱的小气候，常会发生病毒病，蔓枯病、茎基腐病等高温病害，具体防治方法如下（每桶水用药量）：（1）病毒病：植物精华素 1/2 支 + 水合霉素 1 袋 + 白糖 1 两 + 人用吗啉呱 15 片。（2）蔓枯病（烂蔓及嫁接口烂）：菌丝福 1/2 袋 + 福星 1 袋或用适乐时 3～5 倍液涂抹湿烂的伤口。（3）茎基腐病：①用恶霉灵 1 袋 + 普力克 1 袋 + 小爱多收灌根。②用恶霉灵 1 袋兑土 5～10 斤向棵周围围。

我家的大棚黄瓜咋"烂尖"？

菜农常常会发现自己大棚的黄瓜尖嘴甚至"烂尖"，不知道如何解决？

黄瓜"烂尖"是多年来温室黄瓜生产上的病害，一般发生在 11 月上中旬至来年 2 月份。因定植后阴天较多，瓜秧长势较往年细弱，黄瓜"烂尖"就很容易出现，菜农朋友们需及时预防。

黄瓜"烂尖"是一种生理病害，随着气温的降低，黄瓜根系的吸收功能有所下降，而此时黄瓜正由长秧过度为瓜秧齐长，即营养生长与生殖生长同时进行，需要养分急剧增加，这样就造成一些不宜移动的微量元素，如钙、镁、铜的供给不足；还有的棚由于施肥量大，尤其是磷、钾肥使用量大，抑制了作物对其他微量元素的吸收，从而造成黄瓜因缺素而"烂尖"。黄瓜"烂尖"一般发生在温室的中后部和放风口附近，这些部分通风好，蒸腾旺盛，最易发病。有些菜农将此判断为灰霉病或黑星病是不正确的。但"烂尖"后有时易引起其他杂菌的感染，有时龙头整个"烂"掉。延误了正常结瓜，严重影响产量。

为防治"烂尖"应做好以下几点：（1）培养壮秧：缓苗后，通过控温，控水促进根系下扎培育壮秧。（2）反复锄划：扣膜后，可将地膜两侧掀至主茎附近，然后在棚内多次锄划，由浅而深，有意识地断掉浅层根系，促其深

扎，增强根系的吸收和抗寒功能。（3)叶面喷施叶面肥及
生长调节剂，及时叶面补充钙、镁、铜等微量元素，如若
尔斯、绿诺 99 等，亦可喷施精华素、生命一号等调节剂，
增强其抗逆能力。（4)已发现"烂尖"的在喷施调节剂与
营养药的同时，要加入一些杀菌剂，如真细霉素、田丹、
福星等，避免病菌从伤口入侵，造成更大损失。

温室黄瓜日常生产都注意啥?

一、重施化学肥料，轻视有机肥

有人认为化肥越多越高产，因此盲目攀比化肥用量，轻施有机肥，造成土壤板结，地面盐渍化严重，地表形成绿苔，严重者形成红苔，根系在土壤溶液高浓度发育受阻，叶片老化，营养生长不良，产量下降。此类棚室应增施有机肥，少施或不施化肥，以减轻肥害。

二、结瓜期大量使用二铵

这不符合黄瓜生长规律。黄瓜结瓜期需肥的大致比例为 $N:P:K=5:2:6$，二铵中以磷为主，磷毒过多，会抑制 Cu、Fe 等微量元素的吸收。因此，结瓜期应避免单一冲施二铵，磷肥一定要底施，开花前以氮磷肥为主，结果期以氮钾肥为主。

三、为降低温度，用草苫过度遮光

在定植初期，光照强度大，为降低温度，适度遮光是可以的，但如遮光过度或冬季遮光，会造成光照不足，影响花芽分化，降低产量。应通过放风降低温度。

四、多药混配，浓度过高，药液量大

一是有些药剂间起化学反应，降低药剂；二是好多药剂都是复配药，本身已经过混配；三是浓度增加，叶片常浸在高浓度药液中，使叶片功能下降，老化加快，降低光合作用。

五、无病不打药，有病乱用药

病害防治应以预防为主，治疗为辅，提前用药预防，不仅成本低，而且效果好。

六、"烂头"不一定是黑星病

近几年，在11月份前后不少黄瓜棚出现"烂头"现象，人们认为是黑星病。其实这是由于外界气候条件变化，使黄瓜植株的生理活动受到一定影响，对钙等微量元素的吸收受到限制所导致的"生理病害"。应及时对叶面补充微量元素。

黄瓜插接应注意啥问题?

插接有很多优点，比如操作简单，定植时间可以提早7天左右；有效避免了黄瓜产生次生根，对一些重茬引起的土传病害有很好的预防效果；接口愈合面较大，接后秧苗前期生长势旺，抗病能力强。但是黄瓜插接应注意啥问题呢?

1. **黄瓜、南瓜要同期播种**。南瓜一般采用半砂床育苗或直接播于营养钵内，每钵 1~2 粒南瓜籽。

2. **严格控制南瓜的苗龄**。南瓜要防止苗龄过长，一般只要南瓜茎粗度合适，而茎中心未出现空腔时嫁接为宜，如南瓜苗龄过长，茎中空后，易造成假活，影响成活率。

3. **刀口要足够大**。黄瓜刀口长度要在 0.5~1 厘米，过短愈合面小，成活慢，且苗子弱。

4. **掌握好小拱棚内的湿度**。接后前两天，小拱棚内的湿度应在 100%，必要时可向拱棚内喷水保持湿度，以防止接穗过度萎蔫，影响成活。

5. **其他方面**。接后小拱棚内的温度应掌握在 28 度左右，以促进伤口愈合；3 天后要逐渐撤去覆盖物，让苗子适当见光，发现萎蔫，及时进行覆盖，如此反复几次，直至苗子见光不再萎蔫为止；一般接后 10 天左右，黄瓜长出 1~2 片真叶后，就可以定植；定植前，叶面喷一遍恶霉灵＋爱多收，以防病害。

黄瓜植株调整有啥技巧?

温室黄瓜由于温湿度调控不好、调节剂（增瓜灵）等使用不当，常造成植株徒长、花打顶、长势不整齐等现象，需对植株进行合理调整。

一、徒长苗

表现为茎粗、叶片大、瓜码稀少。对这种秧子一是：适当降低夜温，甚至夜间放风，把夜温控制在 10 度左右，经过 5～7 天可促进雌花二次分化，并抑制营养生长。一旦有瓜条甩出，徒长即得到控制。二是：如果瓜码特少，徒长严重，也可再喷一遍增瓜灵，但喷时一定要看天气预报，阴天前不能喷。三是：用根瓜控秧。根瓜产量不高，商品质量也差，不少人把根瓜提前摘掉。徒长的瓜秧、不要摘根瓜，用瓜压秧。四是对徒长蔓在吊蔓时采用 "S" 型弯曲梆蔓或将瓜秧龙头冲下用夹子夹在吊绳上 2～3 天可显著控制顶端优势。以前也有用手掐龙头的方法，在龙头下 10 厘米左右用手轻轻将茎掐扁，俗话说 "咔叭" 一响三天不长。此法控秧效果也不错，但一定要在晴天操作，如赶上连阴天，伤口愈合慢，容易感染病害。五是对达到一定营养体的徒长苗，可用 "座瓜灵" 沾瓜。

二、小老苗

常因定植水浇得不透，增瓜灵施用过量或夜温过低所致。表现为龙头紧缩，瓜须伸不出或瓜须短而弯曲、瓜码密，有的甚至出现"瓜打顶"。对这种秧子要针对情况，如果是定植水浇得不透，需再补浇或点透水。如增瓜灵施用晚、过量或施用增瓜灵后赶上连阴天或降温，可采用适当提高夜温，早盖草苫，将夜温控制在 18～20℃，5～7天，再配合施入少量氮肥来调节，尽量不要去除瓜码。去除瓜码后，缓秧是快，可能又会出现徒长。

在实际操作上，有时一棚秧子长势不一致，长势旺的可采用控徒长的措施，弱的可偏追一些 N 肥（如用 0.25% 的尿素灌根），在吊蔓时尽量要使龙头整齐一致。在管理上，瓜须是黄瓜长相的一个重要标志，如瓜须 45 度角斜向上长出，粗且长，说明黄瓜根系好，长势正常，如瓜须不出或短而弯曲，说明根系不好或缺水，如瓜须呈黄瓜味，说明长势正常，瓜须变味，甚至发苦是发病前兆，可依据瓜须的长势对植株进行相应调整和管理。

防治黄瓜疯秧化瓜
有哪几种方法?

许多温室内黄瓜只长秧,不长瓜,瓜秧叶片大,膨瓜速度慢,化瓜现象严重,解决此类问题的有哪些方法?

1. **控温**。黄瓜生长的适宜温度为 25～30℃,超过 30度植株生长加快,容易"疯长"。因此,大棚内温度应控制在 25～30℃之间,不宜超过 30℃,夜间保持在 16℃左右为好,以降低呼吸作用,加强养分积累。

2. **控湿**。黄瓜生长发育适宜的空气湿度为 85%左右,棚内湿度过大,瓜秧易"疯长",病害也相应加重,因此注意棚内放风排湿,深冬季节提倡使用"烟剂"熏棚。

3. **合理使用激素**。黄瓜结瓜后,如果营养生长过旺,则生殖生长相对较弱,膨瓜速度小了,甚至化瓜,因此要设法使第一批花多座瓜,防止"疯长"。方法是用"保美灵+绿诺 999"叶面喷雾,可使黄瓜多座瓜,并促进小瓜迅速膨大;方法二是用河南郑州产"座瓜灵+灰必脱"少许浸小瓜,这样小瓜不但能迅速膨大,而且摘瓜后数天瓜花鲜艳,商品性好。

4. **合理施肥**。目前许多棚,特别是种植 5～6年以上的棚,肥料过盛现象相当严重,因此在施肥时要多施有机肥(如石药集团的"施好肥"或纯腐殖酸粉),在保证土壤氮素供应的情况下,适当多施磷、钾肥,避免单一大量施氮素肥。

观察黄瓜长相可以
制定栽培管理措施吗？

一、叶片长相

大棚黄瓜的叶片淡绿，生长平展，大小适中，越冬期间 5~6 天长出一片叶，是生长的正常表现。若外界温度下降幅度较大，叶片边缘上卷，并变为白色，是闪苗所致。此时夜间应加强保温措施，使大棚内夜温在 12~14℃之间，若低温时间持续较长，则叶片先端下垂；若地温过低，则黄瓜叶片发黄、萎蔫，若长时间地温低于 10℃，则黄瓜叶片深绿不舒展，部分叶片边缘或全叶枯黄，这也说明黄瓜已沤根，这时应想法提高地温。若缺水，叶片颜色深绿，下垂，叶片小，尖端发黄，生长迟缓，节间短。若施用肥料浓度过大或不当，会导致肥害烧根，叶片表现发黄，叶脉和叶缘皱缩。出现以上情况，应及时浇水，若棚内水分过大，黄瓜叶片变薄，尖端或全叶变黄，生长点小而直立生长，叶柄、节间细长，叶柄与茎之间夹角小，叶大而薄，颜色淡绿，早晨叶缘吐水，生长点发黄。这时应加大通风，排潮降湿。

二、卷须长相

卷须粗大，与茎呈 45 度角伸展，是生长正常的表现。若卷须呈弧状下垂，则是缺水表现；卷须直立是土壤水分过多；卷须细而短，是营养不足；卷须先端卷曲是植株老化的表现；卷须先端变黄，是植株患病前兆。

三、雌花长相

黄瓜雌花鲜黄，比较大，向下开放，是生长正常的表现。若大棚黄瓜雌花淡黄，幼瓜短小，弯曲，横向或向上开放，则是植株生长势弱的表现。应加强肥水管理，并叶面喷施"速建"、"若尔斯"、"黄瓜绿诺 999"等叶面肥，以促进植株健壮生长。

遭遇连阴天温室黄瓜咋管理?

1．尽量多见光。只要不是雾得太死或是下雪，就应拉苫见光，有时拉苫后气温有所下降，但见光后气温会上升。再就是要杜绝拉"花苫"，不拉就不拉，拉就全拉或都只拉前部。

2．摘瓜要强，不放大瓜，减少坠秧。

3．如气温持续较低又得不到恢复，可考虑增温。用燃尽的玉米核或发烟后的蜂窝煤等放在棚内，但要注意不能煤气中毒。

4．连阴天避免浇水追肥。

5．低温时易发生灰霉病及细菌性病害。连阴天防病要以烟剂和粉尘剂防治为主，也可用弥雾机防治，尽量不用喷雾的方法，以减少棚内湿度。

6．注意护根养根。连续低温，特别是低地温，对根的伤害非常严重的，可用酵素菌（PV 菌）、巴巴安、生根液、海明顿等药剂灌根。

7．千万要注意久阴咋晴后的管理。一是一定要注意回苫防止瓜秧过度萎蔫，也可向棚内喷清水，增加棚内湿度减少蒸腾。二是久阴乍晴后不要急于浇水追肥，应待四五天后，地温升高黄瓜根系恢复后再浇水追肥，同时施肥量要小，并尽量施用养根为主的肥料，如新活力壮根钾宝、葡萄糖壮根钾宝等大公司名牌肥。三是可采用叶面喷肥，以保证黄瓜生长的需要，较好的叶面肥有：台湾日星公司的速建（该肥是目前世界上唯一在零下 50℃由海藻萃取的天然活性物质，是"植物动力"的替代品），植物精华素、万得肥、绿诺999 等。

温室黄瓜用啥法促生回头瓜？

黄瓜的回头瓜是指黄瓜主蔓爬到架顶后，即主蔓黄瓜采收末期，在植株中下部结的瓜，实质上是侧蔓瓜。春节过后，黄瓜顶尖生长量较小，产量明显降低，充分利用黄瓜结回头瓜的特性，促使侧蔓结瓜，有利于提高产量，增加收益。

1．**保持植株健壮生长**。应及时合理地补充肥水，使植株健壮生长，这是促生回头瓜的关键。主蔓瓜生长期间应根据黄瓜的需肥特点合理追施 N、P、K 肥及微肥并配合施入"施达松"防止土壤板结，避免过量追施单一肥料，主蔓瓜生长期间还可进行叶面喷施植物精华素、生命一号等每 7～10 天喷 1 次，可有效地防止叶片老化，增加植株养分积累，防止植株早衰。

2．**控水**。在主蔓结瓜数下降时可减少浇水量，一般每 10～15 天浇一次水，并可采取 PV 菌兑巴巴安或生根液进行灌根的方式，以促进根系更新，使根系在土壤中向下部和周围扩展，提高吸水吸肥的能力。

3．**促进回头瓜生长**。在回头瓜膨大期间，应及时追肥浇水，增加物质供应，促进回头瓜生长，提高产量。回头瓜坐住后，随水追施"沃能壮"、"葡萄糖钾宝"、"博瑞"、"新活力钾宝"等效果较好冲施肥。黄瓜前期以主蔓结瓜为主，对植株中上部侧蔓上的瓜，应在瓜上方留 2 片叶后摘心，同时应及时摘除植株下部的老叶、病叶和黄叶，节省养分，改善通风透光条件，促进回头瓜快速生长。

黄瓜叶片黄化、
叶脉抽筋怎么办?

由于低温寡照，温室黄瓜普遍出现叶片黄化、叶脉抽筋变形、叶片下扣、叶肉硬脆、次生根少、花打顶等不良症状，种植户除了加强保温外，还要注意那些问题呢?

「74」

1. **叶片先喷一遍解毒药。**每桶用农康 1 袋＋植物精华素 1/2 支＋白糖 1 两，此法可清除低温下叶片中积累的毒素，缓解低温障碍，补充叶片急需的营养。（注：应与其他杀菌剂相隔 48 小时喷施）

2. **逐棵灌一次促根液。**每桶用巴巴安 1/10 袋＋海明顿 1/2 袋＋根复生 1/4 袋或生根液 1/10 瓶＋丰本效速 1/10 瓶灌根。经灌根 3～4 天后，次生根及根毛可大量发生，龙头伸出，萎蔫程度降低，瓜条迅速膨大。

3. **（晴天 3～4 天后）冲施一遍促根肥。**每亩冲根霸或新活力壮根钾宝、沃能壮、葡萄糖钾钙等 40～50 斤加黑帝 100 斤加巴巴安 1 袋。

暖冬气温偏高瓜秧萎蔫咋办?

暖冬气温往往偏高，黄瓜长势旺，但是耐低温弱光的能力较差，一旦遇上久阴乍晴后的天气造成的危害有时相当严重，主要表现为瓜秧萎蔫，具体管理方法为:

1. 通过加湿避光尽量减少叶片萎蔫，尽快提高棚内地温。晴天后棚内气温增长很快，随之棚内相对湿度迅速下降。由于连阴天光合作用弱，呼吸消耗大，造成营养亏空，再加上地温低，根系较弱，吸收功能降低。所以晴天后随气温上升，湿度下降，蒸腾作用增加，根系吸收水分不能及时供应，造成叶片萎蔫，因此，要及时喷施清水或叶面肥，且多次喷施，提高棚内湿度，在此基础上棚内温度可以稍微放高，但要注意瓜秧如稍有萎蔫，马上回苫，在下午光照稍弱时再将草苫拉起，这样用气温拉高地温，使根系复壮，此时中午温度不要超过32℃。避免用放风降温。

2. 瓜秧如有萎蔫可采取以下措施。(1) 去掉部分老叶，减少蒸腾量。(2) 将瓜秧从吊瓜绳上解开把瓜秧顶尖吊放在较低位置，这样不但使叶片重叠减少了蒸腾，而且降低了根与顶尖的垂直距离，增加了根压，使根系吸收水分顺利供到尖部，促其正常生长，等其恢复后再恢复到原来高度。(3)喷施植物精华素、海明顿等调节剂，用巴巴安、生根液、壮秧丰产素灌根，增强抗逆性，促进根系发育，使其迅速恢复生长。

「75」

暖冬气温偏高瓜秧萎蔫咋办?

棚室黄瓜如何走出"见病就治，治重于防"的误区呢？

目前，棚户之间病虫防治水平相差悬殊。有的棚全生育期无病虫侵扰，而有的棚则从苗床开始就被病虫缠身。效益相差几千元甚至上万元已是平常。作为一名合格的菜农，不仅要掌握全套成熟的温室黄瓜栽培技术，还要熟悉病虫害防治的关键措施和技巧。这就要求广大菜农通过不同渠道如电视、广播、专业书籍及报刊上获得病虫害发生规律及发生特点等相关专业知识，从而形成一套适合自己的病虫害防治管理技术。怎样走出"见病就治，治重于防"的误区呢？

一、要重新树立"防重于治"的观念

"防治"中的"防"是植保方针的基本原则。"防"就是通过一切手段和措施防止病原菌侵入植物体。如通过：农业、物理、生物及化学措施的综合手段防止病原菌危害；通过控制棚内温、湿度使之不适合病害的流行、发展；高温闷棚、喷施保护性杀菌剂使植物体表面覆盖一层药膜，使病原菌不能侵入危害。黄瓜病害的发生是不可逆的，病菌一旦侵入植物体内部，则较难防治，而且内吸治疗杀菌剂的价格要高于一般保护性杀菌剂的价格。所以病害发生后的治疗成本要远远高于预防成本。无论从效益上或技术上来讲，树立"防"重于"治"的观念是温室黄瓜获得高产高效的关键措施。

二、病害一旦发生要遵循早治、狠治，对症下药的原则

1．早治。就要抓住病害防治最佳时机，不要"随大流"，有些病就要求菜农注意观察，及早发现病害。只要病害点滴发生，达到防治指标，就抓紧防治。2．狠治就是要用效果好的杀菌剂在最短时间内把病害控制住。病害一旦发生，再用保护性杀菌剂或效果一般的杀菌剂就很难奏效，要用效果好的内吸治疗杀菌剂防治，来达到迅速控制病害的目的。3．对症下药就是要弄清发生的是什么病害，用什么药剂来防治才能达到较好效果。如霜霉病和细菌性角斑病症状相似，病毒病和茶黄螨危害病状相似，容易混淆。菜农在病害发生时，首先要弄清发生的是什么病，如果自己弄不清，要请专业的蔬菜技术人员来诊断。以免延误最佳防治时机，增加用药成本。再就是选择杀菌剂，市场上杀菌剂一般分为保护性杀菌剂和治疗性杀菌剂，菜农在购买时要注意区别，病害发生前要用保护性杀菌剂，效果较好的有汉生、铜高尚、百菌清等，病害一旦发生，要用治疗性杀菌剂。如黄瓜霜霉病，目前效果好的杀菌剂有菌灭旺、普来尔、霜役威、霜疫白腐净等；治疗灰霉病效果较好地有：快劲霉、佳乐福、立杀霉等；霜霉、角斑病等两种或多种病害混发效果较好有真细霉素、真细菌速净、田丹等。病害发生时，只有治早、治小，对症下药，才能达到事半功倍的效果。

大棚黄瓜定植前后都注意啥?

黄瓜在育苗期至定植期,常发生的一种病害是菌核病;该病的主要症状是烂苗。因叶片易积水,因此首先发病部位是叶片,在叶片上形成近圆形白斑。湿度大时,有菌脓流出,滴落到下面叶片或茎秆上,可以起叶片或茎秆烂掉。该病是一种真菌性病害,低温高湿环境发病重。而育苗期及定植期的黄瓜生长环境正好符合这种条件,在此期间病害发生偏重。因此,在黄瓜苗定植前后,一定要预防好菌核病的发生。

防治这种病害,首先要控制棚内湿度,加强放风,可抑制菌核病的发生与蔓延,药剂控制可采用施佳乐 1000倍、菌核净 3000 倍或扑海因 800 倍液叶面喷雾即可。苗棚的温湿度与大棚内温湿度差异较大,定植后易引起闪苗,长时间不缓苗,针对这种情况,在临近定植期,我们可在苗床内,提前 5 ~ 7 天,进行炼苗,降低苗棚的温度与湿度,使接近大棚的环境,同时,大棚畦内要提前 5 ~ 7天浇水,以便及早提高地温,同时准备好小拱棚架杆及塑料膜,以便定植后加盖小拱进行保护。为了增强苗的抗低温能力及加快缓苗,可在定植前 1 ~ 2 天,叶面喷施天达2116 或植物动力 2003,提高幼苗抗寒能力,同时可促进定植后黄瓜根系的生长,应做到净苗入室,加快缓苗。

黄瓜苗期容易出现哪些问题?

黄瓜出苗时间为 3~5 天，与床土温度和是否催芽有关，适宜温度 25~30℃。出苗过程中容易发生以下问题:

一、床面板结

播种后床土表面干硬结皮，阻止空气流通，不利于发芽，引起板结是因为土质黏重，有机质含量少，播种后未妥当保墒，使床面干裂。为此要适当多掺些熟厩肥、细沙、陈炉灰等，播后至出苗前，保持地面温度，一般不宜浇水。

二、不出苗、出苗不齐

种子陈旧、受伤、吸水不足或过量、覆土深浅不一、床温过低或床温不均，用肥过量等，都可造成出苗不齐。一定要严格处理种子，提高播种质量，保持床土湿润和温度，实现了一次播种保全苗。

三、幼苗顶盖

幼苗出土时，把盖籽土一块块顶起来，俗称顶盖。原因是:播种量过大，培养土过粘、盖土过厚。可将盖子敲碎，敲的同时洒些水。

四、幼苗倒苗

这是因为猝倒病和立枯病造成的。首先是：1. 苗床要避风、向阳、排水良好。2. 床土要清洁无病，不要在重茬地上打苗床或长期使用旧苗床。3. 尽快提高床温、降低床内湿度；从小开始锻炼，增强抗病能力。4. 将病苗拔除、覆盖干细土或草木灰，降低床土湿度。加强通风和光照，抑制病害蔓延。

五、烂种

由于低温高湿，施用未腐熟粪肥或粪土掺和不匀，种子出土时间长，处于缺氧条件下造成的。也与种子熟度不够，贮藏过程中霉变，浸种时烫伤有关。

六、沤根

由于土温过低、浇水过大、光照不足，致使幼苗根系较长时间在低温、过湿、缺氧条件下造成的。可提高地温达到16℃以上，播种时一次打足水，出苗过程适当控水，严防床面过湿。发生轻微沤根后加强保温，及时松土，促使病根尽快发出新根。

七、冻害

1. 提高秧苗抗寒力，种子萌动时进行低温或变温处理。提高光照强度。2. 加强苗床保温防寒，苗床结构要严密，选用保温性能好的建筑材料。

咋解决黄瓜的 "不育症"?

有些黄瓜是因为只开雄花，而不开雌花，所以难以结瓜。怎样有效解决黄瓜因只开雄花而引发的 "不育症" 呢？

黄瓜只开雄花的主要原因是由于黄瓜植株体内细胞分裂失调所导致的。当黄瓜植株体枝叶藤蔓发育粗壮，就能增强其分蘖发权能力，雌雄花也才能在同株体上均匀地开放，若黄瓜植株在生长过程中藤蔓失调疯长，就会破坏黄瓜植株体的分枝能力，从而导致黄瓜植株只开雄花不开雌花，或只在蔓梢处开非常有限的几朵雌花。这样会严重影响黄瓜的产量和收益。防治方法可采用严格控制瓜蔓疯长，保证黄瓜植株体生长粗大健壮。这样，才能增强黄瓜植株体 "节外生枝" 和雌雄花同开的能力。

具体方法：当黄瓜植株长出 4 片以上真叶、瓜蔓长出约 30 厘米时，每亩可用植物生长调节剂乙烯利 200～500PPm(百万分浓度)，或奈乙酸 5～10 克，或三十烷醇 5～10 克，或助长素 10 克，然后加水 50～70 公斤，在黄瓜地里均匀喷施 1～2 次，即可促进黄瓜植株细胞正常分裂，增强雌雄花同株并开的能力，有效解决黄瓜因只开雄花而引发的 "不育症"。

黄瓜种植可以进行配方施肥吗？怎样进行配方施肥？

黄瓜对氮、磷营养十分敏感，缺氮幼苗茎部变细，叶小褪绿，但是黄瓜幼苗期要求氮素浓度比较严格，适宜浓度范围较窄，施用量不能过多。在温室栽培中施用磷、钾肥，可促进繁殖器官的形成，有利于提高产量。黄瓜在开花前吸收养分占总吸收量的 100% 左右，结果期吸收量则占 70%～80%，因此黄瓜在全生育期内进行配方施肥很有必要的。根据黄瓜吸收养分的特点，宜磷、钾肥作基肥施用，氮肥分期施用。具体方法如下：

1．草炭土配方有 3 种比例（按体积比）。（1）底层草炭 60%、堆肥 20%、肥土 10%、鲜牛粪 5%、锯末 5%。（2）底层草炭 60%、厩肥 20%、肥土 13%、鲜牛粪 7%。（3）风干草炭土 75%、厩肥 20%、牛粪 5%。

草炭土中的厩肥、堆肥、牛粪必须是腐熟的，同时播种前按每立方米加入硝酸铵 0.8～1 千克、过磷酸钙 1～1.5 千克、氯化钾 0.5～0.8 千克、石灰 1 千克（草炭为酸性）。

2．在没有草炭资源的地区可采用混合土育苗。混合土的配方：（1）堆肥 50%。肥土 40%、锯末 10%。（2）草根土 5%～15%、肥土 45%、鲜牛粪 5%。（3）堆肥

70%~90%、草根土 5%~15%、鲜牛肥 5%。在上述配方中同时加硝酸铵 0.8~1 千克，过磷酸钙 1~1.5 千克，氯化钾 0.5~0.8 千克。黄瓜育苗床土的土壤 PH5.5~6.2 为宜。

3．温室和大棚栽培每 667 平方米 4000~5000 千克。在施入农家肥基肥时要把磷、钾肥随基肥施入，同时把氮肥用量的 40%~50%作追肥分期施用。

采取什么措施让黄瓜健身壮苗？

1．温室黄瓜生产培育壮苗，必须要人工补充光照。
温室黄瓜育苗期限是全年光照最高的时间，而且光要穿过
农膜才能照在作物上，所以作物满足不了对光照的要求，
需进行人工补充光照。补充光照的措施有：（1）清扫棚膜
面。每隔 2～3 天清扫一次。（2）张挂反光幕。利用聚酯
镀铝膜做反光幕，张挂在温室中挂北侧，射入反光幕上的
光，反射到温室中部，增强光照。（3）延长光照时间。尽
量早揭晚盖棉被草苫，增强温室内光照时间。

2．壮苗指标和培育壮苗措施。黄瓜栽培壮苗指标是：
苗龄 50 天左右，4～5 片真叶展开，茎粗间短，子叶肥厚，
叶色深绿无病虫害，80%以上秧苗现蕾。培育壮苗的关键
是：选用优良品种；配制营养丰肥沃无病虫寄存器的营养
土；严格掌握好苗期温湿度的管理；子叶展平时及时分
苗。

3．温室黄瓜生产防低温。温室覆盖材料应选择耐低
温、抗老化的塑料膜；温室外体覆盖棉被或毡被；张挂二
层幕，可在距顶膜 20 厘米左右高度隔 40～45 厘米拉一道
铁丝，上覆盖棚膜或无纺布做二层幕，晚间可增高气温
3℃～4℃，白天拉开透光；扣小拱棚，棚上覆盖棚膜或地
膜，可提高 7℃～10℃气温；覆盖地膜，畦面上覆地膜可
提高地温 3℃～5℃，降低空气湿度，或无纺布盖苗，夜间
盖在秧苗上，可提高气温 2℃～3℃，白天撕掉无纺布。

4．**育苗是关键**。要严格进行种子消毒，浸种催芽。种子刚露出胚根后，放在 0℃ ~ 2℃ 条件下锻炼 2 ~ 3 天，再拿到 25℃ 左右条件下催芽 1 ~ 2 天，芽出齐后播种。采用沙盘育子苗，分苗入营养钵，营养面积不小于 8 × 8 厘米。分苗缓苗后，要控温控水，低温短日照，促早熟雌花，提高前期产量。

5．**黄瓜壮苗标准**。黄瓜壮苗的标准是 5 ~ 6 片真叶，株高 16 ~ 20 厘米，节间短，茎粗壮 0.6 ~ 0.8 厘米，叶色深绿肥厚，根系洁白发达，花芽分化早，苗全 45 ~ 55 天。

哪些农药在黄瓜生产
过程中禁止使用?

甲胺磷、呋喃丹、氧化乐果、甲基对硫磷、对硫磷、久效磷、甲拌磷（3911）、甲基异柳磷、五氯酚钠、杀虫脒、三氯杀螨醇等农药，包括含上述成分的混配制剂。

下面是部分禁止使用农药品种及替代农药品种。

禁止使用甲胺磷。推荐替代农药：阿维菌素、Bt、氟虫腈、杀虫胺、毒死蜱、灭蝇胺、喹硫磷、虫酰肼（米满）等。

禁止使用呋喃丹（克百威）。推荐替代农药：锌硫磷、米乐尔、毒死蜱、农地乐等。

禁止使用久效磷。推荐替代农药：锌硫磷、毒死蜱、Bt、百树菊酯、三氟氯氰菊酯、氟虫腈等。

禁止使用甲基对硫磷（甲基1605）。推荐替代农药：阿维菌素、Bt、毒死蜱、百树菊酯、三氟氯氰菊酯、氟虫腈等。

禁止使用对硫磷（1605、乙基对硫磷）。推荐替代农药：阿维菌素、毒死蜱、Bt、百树菊酯、三氟氯氰菊酯、水胺硫磷、氟虫腈等。

禁止使用甲拌磷（3911）。推荐替代农药：锌硫磷、米乐尔、毒死蜱、农地乐等。

禁止使用甲基异柳磷。推荐替代农药：锌硫磷。

禁止使用氧化乐果。推荐替代农药：吡虫啉。

后 记

本来没想写，但是有许多要感谢的话，不知道该怎么表达，所以还是写一个吧。

为了编写这本书，我们酝酿了很长时间，反复修订和讨论，几经专家审读和修改，今天终于呈现给广大读者和农民朋友。

本书的出版得到了山东省即墨市农业局各位领导的大力支持，特此表示感谢；向审读本书初稿的高级农艺师鄢立森先生表示感谢；同时还要感谢山东省出版集团政策法律部主任赵柯先生、山东青年杂志社邵秋子先生和济南出版社戴梅海先生，他们为本书的出版做了大量的工作，并提出了许多好的建议和意见。

本书在编写过程中，参照了部分相关资料，在此一并表示感谢。

由于时间仓促，经验不足，疏漏之处在所难免，还请各位方家批评指正。

编 者

2009 年 7 月